Photoshop+CorelDRAW
平面设计与制作案例教程

黄春风　杨　添　蔡鲁方　编著

清华大学出版社
北 京

内 容 简 介

本书以 Photoshop、CorelDRAW 为写作平台,以平面设计综合应用为创作导向,围绕平面作品的创作展开讲解。书中的每个案例都有详细的操作步骤,并附加操作技巧进行描述。

全书分两篇共 9 章。基础篇依次对 Photoshop CC 和 CorelDRAW X8 等进行了详细阐述。案例篇针对名片设计、艺术书签设计、户外广告设计、宣传单设计、杂志封面设计、网站首页设计、创意海报设计的方法和操作技巧做出细致讲解。本书结构清晰,思路明确,内容丰富,语言简练,既有鲜明的基础性,也有很强的实用性。

本书既可作为大中专院校及高等院校相关专业的教学用书,又可作为平面设计爱好者的学习用书。同时,也可以作为社会各类 Photoshop、CorelDRAW 培训班的首选教材。

图书在版编目(CIP)数据

Photoshop+CorelDRAW平面设计与制作案例教程/黄春风,杨添,蔡鲁方编著. —北京:清华大学出版社,2019.9(2023.8重印)

ISBN 978-7-302-53732-8

Ⅰ. ①P⋯ Ⅱ. ①黄⋯ ②杨⋯ ③蔡⋯ Ⅲ. ①平面设计—图象处理软件—教材 Ⅳ. ①TP391.413

中国版本图书馆CIP数据核字(2019)第189390号

责任编辑:韩宜波
装帧设计:杨玉兰
责任校对:周剑云
责任印制:宋　林

出版发行:	清华大学出版社		地　址:	北京清华大学学研大厦A座
	http://www.tup.com.cn		邮　编:	100084
	社 总 机:010-83470000		邮　购:	010-62786544
	投稿与读者服务:010-62776969,service@tup.tsinghua.edu.cn			
	质量反馈:010-62772015,zhiliang@tup.tsinghua.edu.cn			
印 装 者:	小森印刷(北京)有限公司			
经　销:	全国新华书店			
开　本:	185mm×260mm	印　张:12.75	字　数:	313 千字
版　次:	2019 年 11 月第 1 版		印　次:	2023 年 8 月第 4 次印刷
定　价:	58.00 元			

产品编号:084431-01

前 言 PREFACE

为何要学设计

随着社会的发展，人们对美好事物的追求与渴望，已达到了一个新的高度，这一点充分体现在审美意识上。毫不夸张地讲，我们身边的美无处不有，大到园林建筑，小到平面海报，抑或是犄角旮旯里的小门店，也都要装饰一番并突显出自己的特色。这一切都是"设计"的结果，可以说生活中的很多元素都被有意或无意识地设计过。俗话说：学设计饿不死，学设计高工资。那些有经验的设计师们，月薪过万不是梦。正是因为这一点很多人都投身于设计行业。

学设计可以就职哪类工作？求职难吗？

答：广为人知的设计行业包括：室内设计、广告设计、UI 设计、珠宝设计、服装设计、环艺设计、影视动画设计……所以你还在问求职难吗！

如何选择学习软件？

答：根据设计类型和就业方向，学习相关软件。比如，平面设计类软件大同小异，重在设计体验。室内外设计软件各有侧重，贵在实际应用。各类软件之间也要配合使用，比如设计师要用 Photoshop 对建筑效果图做后期处理，为了让设计作品呈现更好的效果，有时会把视频编辑软件与平面软件相互配合。

没有美术基础的人也可以学设计吗？

答：可以。设计类的专业有很多，并不是所有的设计专业都需要有美术功底，例如工业设计、展示设计等。俗话说"艺术归结于生活"，学设计不但可以提高自身审美能力，还能有效地指引人们制作出更精良的作品，提升自己的生活品质。

设计该从何学起？

答：自学设计可以先从软件入手，如位图、矢量图和排版。学会了软件，可以胜任 90% 的设计工作，只是缺乏"经验"。设计是软件技术＋审美＋创意，其中软件学习比较容易上手，而审美的提升则需要多欣赏优秀作品，只要不断学习，突破自我，优秀的设计技术轻松掌握！

适用读者群体

- 网页美工人员；
- 平面设计和印前制作人员；
- 平面设计培训班学员；
- 大中专院校及高等院校相关专业师生；
- 平面设计爱好者；
- 从事艺术设计工作的初级设计师。

作者团队

本书由黄春风、杨添、蔡鲁方编著。

致谢

为了令本系列图书尽可能满足读者的需要，许多人付出了辛勤的劳动。在此，向参与本书出版工作的"ACAA 教育集团"和"Autodesk 中国教育管理中心"的领导及老师、米粒儿设计团队成员等，致以诚挚谢意。同时感谢清华大学出版社的所有编审人员为本系列图书的出版所付出的辛勤劳动。本系列图书在编写过程中力求严谨细致，但由于时间和精力有限，仍难免出现疏漏和不妥之处，希望各位读者朋友多多包涵，并批评指正，万分感谢！

本书提供了案例的素材、源文件、PPT 课件以及视频教学，扫一扫下面的二维码，推送到自己的邮箱后可下载获取。

素材、源文件

PPT课件、视频教学

编　者

目 录 CONTENTS

第 1 章　开启Photoshop CC 之旅

　　Adobe Photoshop CC是集图像扫描、编辑修改、动画制作、图像设计、广告创意、图像输入与输出于一体的图形图像处理软件。

学习目标

- ➤ 掌握基础工具的应用
- ➤ 掌握路径的创建
- ➤ 了解文字的处理与应用
- ➤ 掌握图层的应用
- ➤ 熟悉通道和蒙版
- ➤ 掌握图像色彩的调整
- ➤ 了解滤镜

◎画布扩展

◎"液化"滤镜对话框

➡ 1.1 初识Photoshop CC

启动 Photoshop CC 软件，打开文件夹中的任意一图像，进入工作界面。Photoshop CC 2017 的操作界面主要包括菜单栏、工具箱、属性栏、状态栏、工作区和图像编辑窗口、浮动面板，如图 1-1 所示。

图 1-1

1. 菜单栏

菜单栏由文件、编辑、图像、文字和选择等 11 类菜单组合成菜单栏，将鼠标指针移动至菜单栏中有▶图标的命令上，此时将显示相应的子菜单，单击子菜单，选择要使用的菜单项目，即可执行此命令。

2. 工具箱

默认情况下，工具箱位于编辑区的左侧，用鼠标单击工具箱上的工具按钮，即可调用该工具。部分工具图标的右下角出现一个黑色小三角形图标，表示该工具还包含多个子工具。使用鼠标右键单击工具图标或按住工具图标不放，则会显示工具组中隐藏的子工具。

3. 属性栏

属性栏一般位于菜单栏的下方，它是各种工具的参数控制中心。根据选择的工具不同，其所提供的属性栏选项也有所不同。用户使用工具栏中的某个工具时，属性栏会变成当前使用工具的属性设置选项，如图 1-2 所示。

图 1-2

🏷 操作技法

在使用某种工具前，先要在工具选项栏中设置其参数。选择"窗口"|"选项"命令，可以将工具选项栏进行隐藏和显示。

4. 状态栏

状态栏位于文档窗口的底部，用于显示当前操作提示和当前文档的相关信息。需要在状态栏中显示信息时，只需单击状态栏右端的 ⟩ 按钮，在弹出的快捷菜单中选择信息即可。

5. 工作区和图像编辑窗口

在 Photoshop CC 工作界面中，灰色区域就是工作区，图像编辑窗口在工作区内。图像编辑窗口的顶部为标题栏，标题可显示文件的名称、格式、大小、显示比例和颜色模式等，如图 1-3、图 1-4 所示。

图 1-3

图 1-4

6. 浮动面板

浮动面板浮动在窗口上方，可以随时切换以访问不同的面板。其主要用于配合图像的编辑，对操作进行控制和参数设置。常见面板有图层面板、通道面板、路径面板、历史面板和颜色面板等。在面板上右击，还能针对不同的面板功能打开一些快捷菜单进行操作，打开的面板效果如图 1-5～图 1-7 所示。

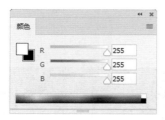

图1-5

图1-6

图1-7

1.1.1　调整图像尺寸

调整图像大小是指在保留所有图像的情况下，通过改变图像的比例来实现图像尺寸的调整。

1. 使用图像大小命令调整图像尺寸

图像质量的好坏与图像的大小、分辨率有很大关系，分辨率越高，图像越清晰，图像文件所占用空间也越大。

选择"图像"|"图像大小"命令，将弹出"图像大小"对话框，从中可对图像的参数进行设置，单击"确定"按钮，如图 1-8 所示。

图1-8

在上述对话框中，各参数选项含义如下。

- 尺寸：可以查看文档大小在不同的单位下对应的数值。

- 宽度：用于设置文档的宽度。

- 高度：用于设置文档的高度。

- 分辨率：用于设置文档的分辨率。

- 限制长度比：单击按钮后，在"宽度"和"高度"前将出现"链接"标志，更改其中一项后，另一项将按原图像比例相应变化。

- 重新采样：用以改变像素大小。

2. 使用裁剪工具调整图像尺寸

裁剪工具主要用来调整画布的尺寸与图像中对象的尺寸。裁剪图像是指使用裁剪工具将部分图像剪去，从而实现图像尺寸的改变或者获取操作者需要的图像部分。

选择工具箱中的裁剪工具，在图像中拖曳得到矩形区域，矩形外的区域会变暗，以便于显示出被裁剪的区域。矩形区域的内部代表裁剪后图像保留的部分。裁剪框的周围有 8 个控制点，对其控制点进行操作可以对该框进行移动、缩小、放大和旋转等调整。裁剪前后效果图如图 1-9、图 1-10 所示。

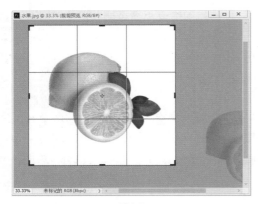

图1-9

图1-11

图1-10

图1-12

1.1.2 调整画布大小

画布是显示、绘制和编辑图像的工作区域。对画布尺寸进行调整可以影响图像尺寸的大小。放大画布时，会在图像四周增加空白区域，而不会影响原有图像；缩小画布时，会裁剪掉不需要的图像边缘。

选择"图像"|"画布大小"命令，将弹出"画布大小"对话框。在该对话框中设置扩展图像的宽度和高度，并对扩展区域进行定位，如图1-11所示。

在"画布扩展颜色"下拉列表中有背景、前景、白色、黑色、灰色等颜色可供选择，然后单击"确定"按钮即可让图像的调整生效。将画布向四周扩展的效果如图1-12、图1-13所示。

图1-13

1.1.3 图像的恢复操作

在处理图像的过程中，若对效果不满意或出现操作错误，可使用软件提供的恢复操作功能来处理这类问题。

1. 退出操作

退出操作是指在执行某些操作的过程中，

完成该操作之前可中途退出该操作，从而取消当前操作对图像的影响。执行该操作时按 Esc 键即可。

2. 恢复到上一步操作

恢复到上一步操作是指图像恢复到上一步编辑操作之前的状态，该步骤所做的更改将被全部撤销。其方法是选择"编辑"|"后退一步"命令，或按组合键 Alt+Ctrl+Z，如图 1-14 所示。

3. 恢复到任意步操作

如果需要恢复的步骤较多，可选择"窗口"|"历史记录"命令，打开"历史记录"面板，在历史记录列表中找到需要恢复的操作步骤，在要返回的相应步骤上单击鼠标即可，如图 1-15 所示。

图 1-14

图 1-15

➡ 1.2 基础工具的应用

在 Photoshop 中，要对图像的局部进行编辑，首先要通过各种途径将其选中，也就是所说的创建选区。选区实际上就是操作范围的一个界定。按形状样式可将选区划分为"规则选区"和"不规则选区"两大类。创建选区的方法有很多种，可以根据具体情况使用最方便的方法来创建选区。

1.2.1 选框工具组

规则选框工具包括矩形选框工具、椭圆选框工具、单行选框工具和单列选框工具。

1. 矩形和正方形选区的创建

创建矩形选区的方法是在工具箱中选择

"矩形选框工具" ⬚，在图像中单击并拖动鼠标，绘制出矩形选框，框内的区域就是选择区域，即为选区。

若要绘制正方形选区，在按住 Shift 键的同时在图像中单击并拖动鼠标即可。

选择"矩形选框工具"后，在菜单栏的下方会显示该工具的属性栏，如图 1-16 所示。

图 1-16

- "当前工具"按钮：该按钮显示的是当前所选择的工具，单击该按钮可以弹出工具箱的快捷菜单，在其中可以调整工具的相关参数。

- 选区编辑按钮组：该按钮组又被称为"布尔运算"按钮组，各按钮的名称从左至右分别是新选区、添加到选区、从选区中减去以及与选区交叉。

- "羽化"文本框：羽化是指通过创建选区边框内外像素的过渡来使选区边缘模糊，羽化宽度越大，则选区的边缘越模糊，此时选区的直角处也将变得圆滑，其取值范围在 0 ～ 250 像素。

- "样式"下拉列表：该下拉列表中有"正常""固定比例"和"固定大小" 3 个选项，用于设置选区的形状。

2. 椭圆和正圆选区的创建

创建椭圆形选区的方法是在工具箱中单击"椭圆选框工具" ⬭，在图像中单击并拖动鼠标，绘制出椭圆形的选区。若要绘制正圆形的选区，在按住 Shift 键的同时在图像中单击并拖动鼠标，绘制出的选区即为正圆形，如图 1-17、图 1-18 所示。

环形选区在实际应用中是比较多的，创建环形选区需要使用"从选区减去" ⬚按钮。首先创建一个圆形选区，然后单击"从选区减去" ⬚按钮，再次拖动绘制选区，此时绘制的部分比原来的选区略小，其中间的部分被减去，只留下环形的圆环区域，如图 1-19、图 1-20 所示。

图1-17

图1-18

图1-19

图1-20

3. 单行 / 单列选区的创建

在工具箱中单击"单行选框工具" ，在图像中单击并拖动鼠标绘制出单行选区，保持"添加到选区" 按钮被选中的状态，继续单击"单列选框工具" ，在图像中单击并拖动鼠标，绘制出单列选区以增加选区，如图1-21、图1-22所示。

图1-21

图1-22

🔖 操作技法

利用单行选框工具和单列选框工具创建的是1像素宽的横向或纵向选区，主要用于制作一些线条。

1.2.2 套索工具组

不规则选区是比较随意、自由、不受某个形状制约的选区，在实际应用中比较常见。Photoshop CC为用户提供了套索工具组和魔棒工具组，其中包含套索工具、多边形套索工具、磁性套索工具、魔棒工具以及快速选择工具，以便用户能更自由地对选区进行创建。

1. 套索工具

使用套索工具可以创建任意形状的选区，在图像窗口中按住鼠标进行绘制，释放鼠标后即可创建选区，如图1-23、图1-24所示。

图1-23

图1-24

🏷 **操作技法**

> 如果所绘轨迹是一条闭合曲线，则选区即为该曲线所选范围；若轨迹是非闭合曲线，则套索工具会自动将该曲线的两个端点以直线连接，从而构成一个闭合选区。

2. 多边形套索工具

使用多边形套索工具可以创建具有直线轮廓的不规则选区。多边形套索工具的原理是使用线段作为选区局部的边界，由鼠标连续单击生成的线段连接起来形成一个多边形的选区。

操作时先在图像中单击创建出选区的起始点，然后沿需要创建选区的轨迹单击鼠标，创建出选区的其他端点，最后将光标移动到起始

点处，当光标变成 ✎ 形状时单击，即创建出需要的选区。若不回到起点，在任意位置双击鼠标也会自动在起点和终点间生成一条连线作为多边形选区的最后一条边。

3. 磁性套索工具

使用磁性套索工具可以为图像中颜色交界处反差较大的区域创建精确选区。磁性套索工具是根据颜色像素自动查找边缘来生成与选择对象最为接近的选区，一般适合于选择与背景反差较大且边缘复杂的对象。

操作方法是在图像窗口中需要创建选区的位置单击确定选区起始点，沿选区的轨迹拖动鼠标，系统将自动在鼠标移动的轨迹上选择对比度较大的边缘产生节点，当光标回到起始点变为 ✎ 形状时单击，即可创建出精确的不规则选区，如图1-25、图1-26所示。

图1-25

图1-26

　　当磁性套索节点不够密集时,可以在"磁性套索"的选项菜单中设置频率。

1.2.3 魔棒工具组

　　选择魔棒工具组后,在菜单栏下方将会显示出该工具的属性栏,如图1-27所示。

图1-27

　　魔棒工具组包括"魔棒工具"和"快速选择工具",属于灵活性很强的选择工具,通常用于选取图像中颜色相同或相近的区域,不必跟踪其轮廓。

　　在工具箱中单击"魔棒工具" ，在属性栏中设置"容差",以辅助软件对图像边缘进行区分,一般情况下设置为30px。将光标移动到需要创建选区的图像中,单击鼠标即可快速创建选区,如图1-28、图1-29所示。

图1-28

图1-29

　　使用"快速选择工具" 创建选区时,其选取范围会随着光标移动而自动向外扩展并查找和跟随图像中定义的边缘。

　　选择"快速选择工具"后,工具属性栏显示"新选区"、"添加到选区" 和"从选区减去"。当启用"新选区" 并且在图像中单击建立选区后,此选项将自动更改为"添加到选区"。

1.2.4 画笔工具组

　　在Photoshop中,可以使用"画笔工具""铅笔工具"和"颜色替换工具"等来绘制图像。只有了解并掌握各种绘图工具的功能与操作方法,才能绘制出想要的图像效果,同时也为图像处理的自由性增加了灵活的空间。

　　1. 画笔工具

　　在Photoshop中,画笔工具的应用比较广泛,使用画笔工具可以绘制出多种图形。在"画笔"面板上所选择的画笔决定了绘制效果。

　　单击"画笔工具" 后,在菜单栏下方会显示该工具的属性栏,如图1-30所示。

图1-30

在属性栏中,各主要选项的含义如下。

- 工具预设:实现新建工具预设和载入工具预设等操作。
- 画笔预设:选择画笔笔尖,设置画笔大小和硬度。
- "模式"下拉列表:设置画笔的绘画模式,即绘画时的颜色与当前颜色的混合模式。
- "不透明度"文本框:设置在使用画笔绘图时所绘颜色的不透明度。该值越小,所绘出的颜色越浅,反之则越深。
- "流量"文本框:设置使用画笔绘图时所绘颜色的深浅。若设置的流量较小,则其绘制效果如同降低透明度一样,但经过反复涂抹,颜色会逐渐饱和。

- 启用喷枪样式的建立效果：单击该按钮可启动喷枪功能，将渐变色调应用于图像，同时模拟传统的喷枪技术，Photoshop 会根据单击程度确定画笔线条的填充数量。

除了在属性栏中对画笔进行设置外，还可以单击"切换画笔面板"按钮或者按 F5 键显示"画笔"面板，在其中对画笔样式、大小以及绘制选项进行设置。

2. 铅笔工具

"铅笔工具"在功能及运用上与"画笔工具"较为类似，但是使用"铅笔工具"可以绘制出硬边缘的效果，特别是绘制斜线，锯齿效果会非常明显，并且所有定义的外形光滑的笔刷也会被锯齿化。单击"铅笔工具"，在菜单栏下方显示该工具的属性栏，如图 1-31 所示。

图 1-31

在属性栏中，除了"自动抹除"选项外，其他选项均与画笔工具相同。勾选"自动抹除"复选框，铅笔工具会自动选择是以前景色还是背景色作为画笔颜色。若起始点为前景色，则以背景色作为画笔颜色；若起始点为背景色，则以前景色作为画笔颜色。

按住 Shift 键的同时单击"铅笔工具"，在图像中拖动鼠标即可绘制直线效果。使用不同的铅笔样式绘制出的图像效果如图 1-32、图 1-33 所示。

图 1-32

3. 颜色替换工具

"颜色替换工具"位于画笔工具组中，可以在保留图像原有材质与明暗的基础上，用前景色置换图像中的色彩，赋予图像更多变化。单击"颜色替换工具"，在菜单栏下方会显示该工具的属性栏，如图 1-34 所示。

图 1-33

图 1-34

在属性栏中，各主要选项的含义如下。

- "模式"下拉列表：用于设置替换颜色与图像的混合模式，有"色相""饱和度""明度"和"颜色"4 种模式供选择。

- 取样方式选项：用于设置所要替换颜色的取样方式，包括"连续""一次"和"背景色板"3 种方式。

- "限制"下拉列表：用于指定替换颜色的方式。不连续表示替换在容差范围内所有与取样颜色相似的像素；连续表示替换与取样点相接或邻近的颜色相似区域；查找边缘表示替换与取样点相连的颜色相似区域，能较好地保留替换位置颜色反差较大的边缘轮廓。

- "容差"下拉列表：用于控制替换颜色区域的大小。数值越小，替换的颜色就越接近色样颜色，所替换的范围就越小，反之替换的范围越大。

- "消除锯齿"复选框：勾选此复选框，在替换颜色时，将得到较平滑的图像边缘。

"颜色替换工具"的使用方法很简单，首先设置前景色，然后选择颜色替换工具，并设置其各选项参数值，最后在图像中进行涂抹即可实现颜色的替换，如图 1-35、图 1-36 所示。

otarvidablea ia refs.

图1-35

图1-36

1.2.5 橡皮擦工具组

在 Photoshop CC 中，擦除工具包括"橡皮擦工具""背景橡皮擦工具"和"魔术橡皮擦工具"。擦除图像即对整幅图像中的部分区域进行擦除。同时还可以使用渐变工具将某种颜色或渐变效果以指定的样式进行填充。

1. 橡皮擦工具

"橡皮擦工具"主要用于擦除当前图像中的颜色。单击"橡皮擦工具" ⬛，在菜单栏的下方会显示该工具的属性栏，如图 1-37 所示。

图1-37

在属性栏中，各主要选项的含义如下。

● "模式"下拉列表：包括画笔、铅笔和块 3 个选项。若选择画笔或铅笔选项，可以设置使用画笔工具或铅笔工具的参数，包括笔刷样式、大小等。若选择"块"模式，橡皮擦工具将使用方块笔刷。

● "不透明度"下拉列表：若不想完全擦除图像，则可以降低不透明度。

● "抹到历史记录"复选框：在擦除图像时，可以使图像恢复到任意一个历史状态。该方法常用于恢复图像的局部到前一个状态。

使用"橡皮擦工具"在图像窗口中拖动鼠标，可用背景色的颜色来覆盖鼠标拖动处的图像颜色。若是对背景图层或是已锁定透明像素的图层使用"橡皮擦工具"，则会将像素更改为背景色；若是对普通图层使用"橡皮擦工具"，则会将像素更改为透明效果，如图 1-38、图 1-39 所示。

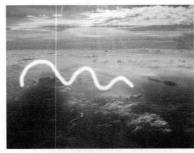

图1-38

图1-39

2. 背景橡皮擦工具

"背景橡皮擦工具"可以用于擦除指定颜色，并将被擦除的区域以透明色填充。单击"背景橡皮擦工具" 🖌，在菜单栏的下方会显示该工具的属性栏，如图 1-40 所示。

图1-40

在该属性栏中，各主要选项的含义如下：

- "限制"下拉列表：在该下拉列表中包含 3 个选项。若选择"不连续"选项，则擦除图像中所有具有取样颜色的像素；若选择"连续"选项，则擦除图像中与光标相连的具有取样颜色的像素；若选择"查找边缘"选项，则在擦除与光标相连区域的同时保留图像中物体锐利的边缘效果。

- "容差"文本框：可设置被擦除的图像颜色与取样颜色之间差异的大小，取值范围为 0 ～ 100%。数值越小被擦除的图像颜色与取样颜色越接近，擦除的范围越小；数值越大则擦除的范围越大。

- "保护前景色"复选框：勾选该复选框可防止具有前景色的图像区域被擦除。如图 1-41、图 1-42 所示。

图1-41

图1-42

3. 魔术橡皮擦工具

"魔术橡皮擦工具"是"魔术棒工具"和"背景橡皮擦工具"的综合，它是一种根据像素颜色来擦除图像的工具。单击"魔术橡皮擦工具" ，在菜单栏的下方会显示该工具的属性栏，如图 1-43 所示。

图1-43

在属性栏中，各主要选项的含义如下。

- "消除锯齿"复选框：勾选此复选框，将得到较平滑的图像边缘。

- "连续"复选框：勾选该复选框可使擦除工具仅擦除与单击处相连接的区域。

- "对所有图层取样"复选框：勾选该复选框，将利用所有可见图层中的组合数据来采集色样，否则只对当前图层的颜色信息进行取样。

使用"魔术橡皮擦工具"可以一次性擦除图像或选区中颜色相同或相近的区域，使擦除部分的图像呈透明效果。该工具能直接对背景图层进行擦除操作，而无须进行解锁。

使用魔术橡皮擦擦除图像的效果图如图 1-44、图 1-45 所示。

图1-44

图1-45

1.2.6 渐变工具组

在 Photoshop CC 中，利用渐变工具组里的渐变工具，可以在图像中填充渐变色。如果图像中没有选区，渐变色会填充到当前图层上；如果图像中有选区，渐变色会填充到选区当中。渐变工具组分为"渐变工具"和"油漆桶工具"。

1. 渐变工具

在填充颜色时，使用"渐变工具" ■ 可以将颜色从一种颜色变化到另一种颜色，如由浅到深、由深到浅的变化。单击"渐变工具" ■ ，菜单栏的下方会显示该工具的属性栏，如图 1-46 所示。

图1-46

在属性栏中，各主要选项的含义如下。

- 编辑渐变选项：用于显示渐变颜色的预览效果图。单击渐变颜色，将弹出"渐变编辑器"对话框，从中可以设置渐变颜色，如图 1-47 所示。

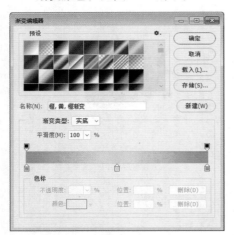

图1-47

- 渐变类型：单击不同的按钮即选择不同渐变类型，从左到右分别是"线性渐变""径向渐变""角度渐变""对称渐变""菱形渐变"。
- "模式"下拉列表：用于设置渐变的混合模式。

- "不透明度"文本框：用于设置填充颜色的不透明度。
- "反向"复选框：勾选该复选框，填充后的渐变颜色刚好与用户设置的渐变颜色相反。
- "仿色"复选框：勾选该复选框，可以用递色法来表现中间色调，使渐变效果更加平衡。
- "透明区域"复选框：勾选该复选框，将打开透明蒙版功能，使渐变填充可以应用透明设置。

选择"渐变工具"，在弹出的对话框中选择相应的渐变样式，然后将鼠标定位在图像中要设置为渐变起点的位置，拖动以定义终点，自动填充渐变。

2. 油漆桶工具

在填充颜色时，使用"油漆桶工具" ▲ 可以在选区中填充颜色，也可以在图层图像上单击鼠标填充颜色，单击"油漆桶工具" ▲ ，在菜单栏的下方会显示该工具的属性栏，如图 1-48 所示。

图1-48

在属性栏中，各主要选项的含义如下。

- 填充选项：选择"前景"，表示在图中填充的是前景色，选择"图案"，表示在图中填充的是连续图案。
- "模式"下拉列表：用于设置渐变的混合模式。
- "不透明度"文本框：用于设置填充颜色的不透明度。
- "容差"文本框：用于控制油漆桶工具每次填充的范围，数值越大，允许填充的范围就越大。
- "消除锯齿"复选框：勾选该复选框，可使填充的边缘保持平滑。
- "连续的"复选框：勾选该复选框，填充的区域是与鼠标单击相似并连续的部分；如果取消勾选，填充的区域是所有和鼠标单击点相似的像素，不管是否和鼠标单击点连续。

- "所有图层"复选框：勾选该复选框后，所使用的工具对所有的图层都起作用，而不是只针对当前操作图层。

1.2.7 图章工具组

图章工具是常用的修饰工具，主要用于对图像的内容进行复制和修复。"图章工具"包括"仿制图章工具"和"图案图章工具"。

1. 仿制图章工具

"仿制图章工具"的作用是将取样图像应用到其他图像或同一图像的其他位置。"仿制图章工具"在操作前需要从图像中取样，然后将样本应用到其他图像或同一图像的其他部分。"仿制图章工具"与"修复画笔工具"的区别在于使用仿制图章工具复制出来的图像在色彩上与原图是完全一样的，因此仿制图章工具在进行图片处理时，用处是很大的。

选择"仿制图章工具" 🔳，在菜单栏的下方会显示该工具的属性栏，如图 1-49 所示。

图 1-49

单击"仿制图章工具"，在属性栏中设置工具参数，按住 Alt 键，在图像中单击取样，释放 Alt 键后在需要修复的图像区域单击即可仿制出取样处的图像，如图 1-50、图 1-51 所示。

图 1-50

图 1-51

2. 图案图章工具

"图案图章工具"是将系统自带的或用户自定义的图案进行复制，并应用到图像中。图案可以用来创建特殊效果、背景网纹或壁纸设计等。单击"图案图章工具" 🔳，在菜单栏的下方会显示该工具的属性栏，如图 1-52 所示。

图 1-52

在属性栏中，若勾选"对齐"复选框，每次单击拖曳得到的图像效果是图案重复衔接拼贴；若取消勾选"对齐"复选框，多次复制时会得到图像的重叠效果。

使用"矩形选框工具"选取要作为自定义图案的图像区域，选择"编辑"|"定义图案"命令，弹出"图案名称"对话框，为选区命名并保存，单击"图案图章工具"，在属性栏的"图案"下拉列表中选择所需图案，将鼠标移到图像窗口中，按住鼠标左键并拖动，即可使用选择的图案覆盖当前区域的图像，如图 1-53、图 1-54 所示。

图 1-53

图1-54

3. 内容感知移动工具

"内容感知移动工具"是 Photoshop CC 新增的一个功能强大、操作简单的智能修复工具。"内容感知移动工具"主要有两大功能：

感知移动功能：该功能主要用来移动图片中的主体，并随意放置到合适的位置。移动后的空隙位置，软件会进行智能修复。

快速复制功能：选取要复制的部分，移动到需要的位置即可实现复制，复制后的边缘会自动进行柔化处理，与周围环境融合。

选择"内容感知移动工具"，在菜单栏的下方会显示该工具的属性栏，如图 1-55 所示。

图1-55

在属性栏中，各主要选项的含义如下。

- 模式：其中包括"移动""扩展"两个选择。若选择"移动"选项，就会实现"感知移动"功能；若选择"扩展"选项，就会实现"快速复制"功能。
- 结构：输入一个 1 ~ 7 的值，以指定修补在反映现有图像图案时应达到的近似程度。
- 颜色：输入 0 ~ 10 的值，以指定希望 Photoshop 在多大程度上对修补内容应用算法颜色混合。如果"颜色"值为 0，则将禁用颜色混合；如果"颜色"值为 10，则将应用最大颜色混合。

1.2.8 污点修复工具组

用户可根据需要选择修复"污点修复画笔

工具""修复画笔工具""修补工具""红眼工具"，对照片进行相应的修复操作。

1. 污点修复画笔工具

"污点修复画笔工具"是将图像的纹理、光照和阴影等与所修复的图像进行自动匹配。该工具不需要进行取样定义样本，只需确定修补的图像位置，然后单击并拖动鼠标，释放鼠标即可修复图像中的污点，快速除去图像中的瑕疵。

单击"污点修复画笔工具"，在菜单栏的下方会显示该工具的属性，如图 1-56 所示。

图1-56

在属性栏中，各主要选项含义如下。

- "类型"按钮组：单击"内容识别"按钮，将使用附近的图像内容，不留痕迹地填充选区，同时保留让图像栩栩如生的关键细节，如阴影和对象边缘。单击"近似匹配"按钮将使用选区边缘周围的像素来查找要用作选定区域修补的图像区域；单击"创建纹理"按钮将使用选区中的所有像素创建一个用于修复该区域的纹理。
- "对所有图层取样"复选框：勾选该复选框，可使取样范围扩展到图像中所有的可见图层。

2. 修复画笔工具

"修复画笔工具"与"污点修复画笔工具"相似，最根本的区别在于在使用"修复画笔工具"前需要指定样本，即在无污点位置进行取样，再用取样点的样本图像来修复图像。与"仿制图章工具"相同，用于修补瑕疵，可以从图像中取样或用图案填充图像。使用"修复画笔工具"修复时，在颜色上会与周围颜色进行一次运算，使其更好地与周围颜色融合。

单击"修复画笔工具"，在菜单栏的下方会显示该工具的属性栏，如图 1-57 所示。

图1-57

在该属性栏中，单击"取样"按钮表示"修复画笔工具"对图像进行修复时以图像区域中某处颜色作为基点。单击"图案"按钮可在其右侧的列表中选择已有的图案用于修复。

3. 修补工具

"修补工具"和"修复画笔工具"类似，是使用图像中其他区域或图案中的像素来修复选中的区域。"修补工具"会将样本像素的纹理、光照和阴影与源像素进行匹配。

单击"修补工具" ，在菜单栏的下方会显示该工具的属性栏，如图 1-58 所示。

图1-58

其中，若选择"源"单选按钮，则修补工具将从目标选区修补源选区；若选择"目标"单选按钮，则修补工具将从源选区修补目标选区。

4. 红眼工具

使用闪光灯在光线昏暗处进行人物拍摄时，拍出的照片人物眼睛容易泛红，这种现象即常说的红眼现象。Photoshop 提供的"红眼工具"可去除照片中人物眼睛中的红点，以恢复眼睛光感。

1.3 路径的创建

路径工具是 Photoshop 矢量设计功能的充分体现，用户可以利用路径功能绘制线条或者曲线，并对绘制后的线条进行填充等，从而完成一些选取工具无法完成的工作，因此，必须熟练掌握路径工具的使用。使用钢笔工具和自由钢笔工具都可以创建路径，也可以使用钢笔工具组中的其他工具，如添加锚点工具、删除锚点工具等对路径进行修改和调整，使其更适合用户的要求。

1.3.1 路径和路径面板

所谓路径是指在屏幕上表现为一些不可打印、不能活动的矢量形状，由锚点和连接锚点的线段或曲线构成，每个锚点还包含了两个控制柄，用于精确调整锚点及前后线段的曲度，从而匹配想要选择的边界。

选择"窗口"|"路径"命令，打开"路径"面板，从中可以进行路径的新建、保存、复制、填充以及描边等操作，如图 1-59 所示。

图1-59

在"路径"面板中，各主要选项的含义如下。

- 路径缩览图和路径名：用于显示路径的大致形状和路径名称，双击名称后可为该路径重命名。
- "用前景色填充路径" 按钮：单击该按钮将使用前景色填充当前路径。
- "用画笔描边路径" 按钮：单击该按钮可用画笔工具和前景色为当前路径描边。
- "将路径作为选区载入" 按钮：单击该按钮可将当前路径转换成选区，此时还可对选区进行其他编辑操作。
- "从选区生成工作路径" 按钮：单击该按钮可将当前选区转换成路径。
- "添加图层蒙版" 按钮：单击该按钮可以为路径添加图层蒙版。
- "创建新路径" 按钮：单击该按钮可以创建新的路径图层。
- "删除当前路径" 按钮：单击该按钮可以删除当前路径图层。

1.3.2 钢笔工具组

Photoshop 软件中提供了一组用于创建、编辑路径的工具，位于工具箱中。默认情况下，其图标呈现为钢笔图标。

1. 钢笔工具

"钢笔工具"是一种矢量绘图工具，使用它可以精确绘制出直线或平滑的曲线。选择"钢笔工具"，在图像中单击创建路径起点，此时在图像中会出现一个锚点，沿图像中需要创建路径的图案轮廓方向单击并向外拖动鼠标，让曲线贴合图像边缘，直到光标与创建的路径起点相连接，路径才会自动闭合，如图 1-60、图 1-61 所示。

图1-60

图1-61

2. 自由钢笔工具

"自由钢笔工具"可以通过拖动鼠标绘制任意形状的路径。在绘制时，将自动添加锚点，无须确定锚点的位置，完成路径后同样可进一步对其进行调整。

选择"自由钢笔工具"，在属性栏中勾选"磁性的"复选框将创建连续路径，同时会随着鼠标的移动产生一系列锚点，如图 1-62 所示；若取消勾选该复选框，则可创建不连续的路径，如图 1-63 所示。

图1-62

图1-63

> 🏷 **操作技法**
>
> "自由钢笔工具"类似于"套索工具"，不同的是，"套索工具"绘制的是选区，而"自由钢笔工具"绘制的是路径。

1.3.3 路径形状的调整

路径可以是平滑的直线或曲线，也可以是由多个锚点组成的闭合形状，在路径中添加锚点或删除锚点都能改变路径的形状。

1. 添加锚点

在工具箱中单击"添加锚点工具"，将鼠标放到要添加锚点的路径上，当鼠标变为形状时单击鼠标即可添加一个锚点，添加的锚点以实心显示，此时拖动该锚点可以改变路径的形状。

2. 删除锚点

在工具箱中单击"删除锚点工具"，将鼠标放到要删除的锚点上，当鼠标变为形状时单击鼠标即可删除该锚点，删除锚点后路径的形状也会发生相应变化。

3. 转换锚点

使用"转换点工具" ，能将路径在尖角和平滑之间进行转换，具体有以下几种方式：

（1）若要转换为平滑点，在锚点上按住鼠标左键并拖动，会出现锚点的控制柄，拖动控制柄即可调整曲线的形状，如图1-64所示。

图1-64

（2）若要将平滑点转换成没有方向线的角点，只要单击平滑锚点即可，如图1-65所示。

图1-65

（3）若要将平滑点转换为带有方向线的角点，首先要使方向线出现，然后拖动方向点，使方向线断开，如图1-66所示。

图1-66

1.4 文字的处理与应用

在 Photoshop 中进行设计创作时，除了可绘制色彩缤纷的图像，还可创建具有各种效果的文字。文字不仅可以帮助大家较快了解作品所呈现的主题，有时在整个作品中也可以充当非常重要的角色。在本章中将讲述文字工具的使用方法。

1.4.1 创建文本

任何设计中都会出现文字这一元素，文字不仅具有说明性，还可以美化图片，增加图片的完整性。在 Photoshop CC 中，文字工具包括横排文字工具、直排文字工具、横排文字蒙版工具和直排文字蒙版工具，如图1-67所示。使用鼠标右键单击"横排文字工具" 按钮右下角的小三角形图标或按住左键不放，即可显示出该工具组中隐藏的子工具。

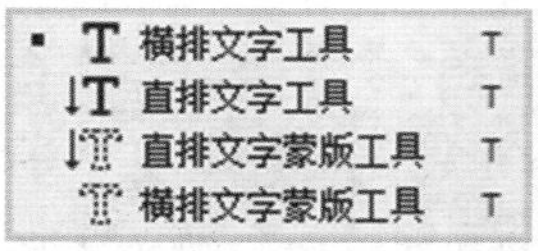

图1-67

选择"文字工具" ，将在属性栏中显示该工具的属性参数，其中包括了多个按钮和选项设置，如图1-68所示。

图1-68

操作技法

横排文字蒙版工具可创建出横排的文字选区，使用该工具时图像上会出现一层红色蒙版；垂直文字蒙版工具与横排文字蒙版工具效果一样，只是方向为竖排文字选区。

1. 输入水平与垂直文字

选择"文字工具"，在属性栏中设置文字的字体和字号，然后在图像上单击，此时在图像中出现相应的文本插入点，输入文字即可。文本的排列方式包括横排文字和直排文字两种。使用"横排文字工具" 可以在图像上从左到右输入水平方向的文字，如图1-69所示。

使用"直排文字工具" T.可以在图像上输入垂直方向的文字，如图1-70所示。文字输入完成后，按Ctrl+Enter组合键或者单击文字图层即可。

图1-69

图1-70

2. 输入段落文字

若需要输入的文字内容较多，可通过创建段落文字的方式来进行文字输入，以便对文字进行管理并对格式进行设置。

选择"文字工具" T.，将鼠标移动到图像上，当鼠标变成插入符号时，按住鼠标左键并拖动，拉出一个文本框，如图1-71所示。文本插入点将自动插入到文本框前端，然后在文本框中输入文字，当文字到达文本框的边界时会自动换行。如果文字需要分段时，按Enter键即可，如图1-72所示。

若绘制的文本框较小，会导致输入的文字

内容不能完全显示在文本框中，此时将鼠标指针移动到文本框四周的控制点上并拖动，可调整文本框大小，使文字全部显示在文本框中。

图1-71

图1-72

3. 输入文字型选区

选择"横排文字蒙版工具" T.或"直排文字蒙版工具" T.可创建文字选区，即沿文字边缘创建的选区。

使用文字蒙版工具创建选区时，"图层"面板中不会生成文字图层，因此输入文字后，不能再编辑该文字内容。

文字蒙版工具与文字工具性质完全不同，使用文字蒙版工具可以创建未填充颜色的以文字为轮廓边缘的选区。用户可为文字型选区填充渐变颜色或图案，以制作出更多的文字效果。

4. 沿路径输入文字

沿路径绕排文字就是让文字跟随某一条路径的轮廓形状进行排列，有效地将文字和路径相结合，在很大程度上扩充了文字带来的视觉效果。选择"钢笔工具"或"形状工具"，在属性栏中选择"路径"选项，在图像中绘制路径。

使用"文字工具",将鼠标指针移至路径上方,当鼠标变为 I 形状时,在路径上单击鼠标,此时光标会自动吸附到路径上,即可输入文字。按 Ctrl+Enter 组合键确认,即得到文字按照路径走向排列的效果,如图 1-73、图 1-74 所示。

图 1-73

图 1-74

1.4.2 字符/段落面板

在 Photoshop CC 中有两个关于文本的面板,一个是文字,一个是段落,在这两个面板中可设置字体的类型、大小、字距、基线移动以及颜色等属性,让文字更贴近用户想表达的主题,并使整个画面变得更加完整。

单击"字符"按钮,打开"字符"面板。在该面板中可以对文字设置更多的选项,例如行间距、竖向缩放、横向缩放、比例间距和字符间距等,如图 1-75 所示。

段落格式的设置主要通过"段落"面板来实现,选择"窗口"|"段落"命令,打开"段落"面板,在面板中单击相应的按钮或输入数值即可对文字的段落格式进行调整,如图 1-76 所示。

所示。

图 1-75

图 1-76

1.4.3 将文字转换为工作路径

在图像中输入文字后,选择文字图层,单击鼠标右键,从弹出的快捷菜单中选择"创建工作路径"命令或选择"文字"|"创建工作路径"命令,即可将文字转换为文字形状的路径。

转换为工作路径后,可以使用"路径选择工具"对文字路径进行移动,调整工作路径的位置。同时还能通过 Ctrl+Enter 组合键将路径转换为选区,让文字在文字型选区、文字型路径以及文字型形状之间进行相互转换,变换出更多效果,如图 1-77~图 1-79 所示。

图 1-77

图1-78

图1-79

💬 **技能技法：**

将文字转换为工作路径后，原文字图层保持不变并可继续进行编辑。

1.4.4　变形文字

变形文字即对文字的水平形状和垂直形状做出调整，让文字效果更加多样化。变形文字工具只针对整个文字图层而不能单独针对一个字体或者某些文字。

选择"文字"|"文字变形"命令或单击工具选项栏中的"创建文字变形"按钮 ，弹出"变形文字"对话框，如图 1-80 所示。

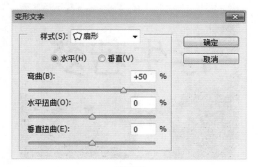

图1-80

"水平和垂直"选项用于调整变形文字的方向；"弯曲"选项用于指定对图层应用的变形程度；"水平扭曲和垂直扭曲"选项用于对文字应用透视变形。结合"水平"和"垂直"方向上的控制以及弯曲度的协助，可以为图像中的文字增添许多效果。应用扇形文字样式，可实现弯曲、水平扭曲、垂直扭曲的效果。

➡1.5　图层的应用

图层在 Photoshop 中起着至关重要的作用，通过图层，可以对图形、图像以及文字等元素进行有效的管理和归整，为创作过程提供有利的条件。

1.5.1　认识图层

图层相当于一张胶片，里面包含文字或图形等元素，一张张按顺序叠放在一起，组合起来形成平面设计的最终效果。一个 Photoshop 创作的图像可以想象成是由若干张包含有各个不同部分的图像、不同透明度的纸叠加而成的，每张纸称之为一个"图层"。图层具有以下 3 个特性。

- 独立性：图像中的每个图层都是独立的，当移动、调整或删除某个图层时，其他图层不受任何影响。
- 透明性：图层可以看作是透明的胶片，未绘制图像的区域可查看下方图层的内容，将众多的图层按一定顺序叠加在一起，便可得到复杂的图像。
- 叠加性：图层是由上至下叠加在一起的，并不是简单的堆积，而是通过控制各图层的混合模式和选项之后叠加在一起，可以得到千变万化的图像合成效果。

在 Photoshop 中，几乎所有应用都是基于图层上的，很多复杂强劲的图像处理功能都是图层提供的。选择"窗口"|"图层"命令，打开"图层"面板，如图 1-81 所示。

图1-81

在"图层"面板中，各主要选项的含义如下。

- 图层滤镜：位于"图层"面板顶部，是显示基于名称、种类、效果、模式、属性或颜色标签的图层的子集。使用新的过滤选项可帮助用户快速地在复杂文档中找到关键层。

- 图层混合模式：用于选择图层的混合模式。

- 图层整体不透明度：用于设置当前图层的不透明度。

- 图层锁定：用于对图层进行不同的锁定，包括锁定透明像素、锁定图像像素、锁定位置和锁定全部。图层被锁定后，将显示完全锁定图标 🔒 或部分锁定图标 🔒 。

- 图层内部不透明度：用于在当前图层中调整某个区域的不透明度。

- 指示图层可见性：用于控制图层显示或者隐藏，隐藏状态下的图层不可编辑。

- 图层缩览图：指图层图像的缩小图，以方便确定调整的图层。在缩小图上单击鼠标右键，在弹出的快捷菜单中可以选择缩小图的大小、颜色、像素等。

- 图层名称：用于定义图层的名称，若要更改图层名称，只需双击该图层，输入名称即可。

- 图层按钮组："图层"面板底端的 7 个按钮分别是链接图层、添加图层样式、添加图层蒙版、创建新的填充或调整

图层、创建新组、创建新图层、删除图层，它们是图层操作中常用的命令。

1.5.2 管理图层

对图像的创作和编辑离不开图层，因此必须熟练掌握图层的基本操作。在 Photoshop CC 中，图层的操作包括新建、复制、删除、合并、重命名以及调整图层叠放顺序等。

1. 新建图层

默认状态下，打开或新建的文件只有背景图层。新建图层的操作很简单，选择"图层"|"新建"|"图层"命令，弹出"新建图层"对话框，单击"确定"按钮即可，如图 1-82 所示。或者在"图层"面板中单击"创建新图层"按钮 🔲 ，即可在当前图层上新建一个图层，新建的图层会自动成为当前图层。

图1-82

此外，还应该掌握其他图层创建的方法。

- 文字图层：单击"文字工具"，在图像中单击鼠标，出现闪烁光标后输入文字，按 Ctrl+Enter 组合键确认即可创建文字图层。

- 形状图层：单击"自定形状工具"，打开选项栏中"设置带创建的形状"选项右侧的下拉列表，从中选择相应的形状，在图像上单击并拖动鼠标，即会自动生成形状图层。

- 填充或调整图层：单击"图层"面板下方的"创建新的填充或调整图层" 🔘 按钮，在弹出的快捷菜单中选择相应的命令，设置适当调整参数，单击"确定"按钮，即会在"图层"面板中出现调整图层或填充图层。

2. 复制与删除图层

在对图像进行编辑之前，要选择相应的图层作为当前工作图层，此时只需将光标移动到"图层"面板上，当其变为 形状时单击需要选择的图层即可。或者在图像上单击鼠标右键，在弹出的快捷菜单中选择相应的图层名称也可选择该图层，如图 1-83 所示。

图1-83

选择需要复制的图层，将其拖曳到"创建新图层"按钮上，即可复制出一个副本图层，如图 1-84 所示。复制副本图层可以避免因为操作失误造成的图像效果的损失。

图1-84

为了减少图像文件占用的磁盘空间，在编辑图像时，通常会将不再使用的图层删除。具体的操作方法是右击需要删除的图层，在弹出的快捷菜单中选择"删除图层"命令即可。

除此之外，还可以选中要删除的图层，并将其拖曳到"删除图层" 按钮上，释放鼠标即可删除。

3. 重命名图层

如果需要修改图层名称，在图层名称上双击鼠标，图层名称变为蓝色呈可编辑状态，输入新的图层名称，按 Enter 键确认，即可重命名该图层。

4. 调整图层叠放顺序

图像会有不止一个图层，而图层的叠放顺序直接影响着图像的合成结果，因此，常常需要调整图层的叠放顺序，来达到设计要求。

最常用的方法是在"图层"面板中单击选择需要调整位置的图层，将其直接拖曳到目标位置，出现黑色双线时释放鼠标即可，如图 1-85 所示。或者在"图层"面板上选择要移动的图层，选择"图层"|"排列"命令，然后从子菜单中选取相应的命令，选定图层被移动到指定的位置，如图 1-86 所示。

图1-85

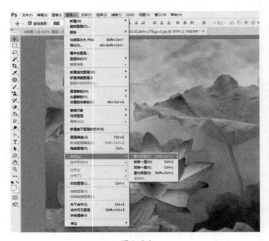

图1-86

5．合并图层

一幅图像往往是由许多图层组成的，图层越多，文件越大。当最终确定了图像内容后，为了缩减文件，可以合并图层。简单来说，合并图层就是将两个或两个以上图层中的图像合并到一个图层上。用户可根据需要对图层进行合并，从而减少图层的数量以便操作。

（1）合并多个图层。

当需要合并两个或多个图层时，在"图层"面板中选中要合并的图层，选择"图层"|"合并图层"命令或单击"图层"面板右上角的三角按钮≡，在弹出的快捷菜单中选择"合并图层"命令，即可合并图层，如图1-87、图1-88所示。

图1-87

图1-88

（2）合并可见图层。

合并可见图层就是将图层中可见的图层合并到一个图层中，而隐藏的图像则保持不动。选择"图层"|"合并可见图层"命令或者按Ctrl+Shift+E组合键即可合并可见图层。合并后的图层以合并前选择的图层名称命名，如图1-89、图1-90所示。

图1-89

图1-90

1.5.3　图层样式

为图层添加图层样式是指为图层上的图形添加一些特殊效果。例如投影、内阴影、内发光、外发光、斜面和浮雕、光泽、颜色叠加、渐变叠加等。下面详细介绍图层样式的应用。

1. 调整图层不透明度

图层的不透明度直接影响图层上图像的透明效果，对其进行调整可淡化当前图层中的图像，使图像产生虚实结合的透明感。在"图层"面板的"不透明度"数值框中输入相应的数值或直接拖动滑块，效果如图1-91、图1-92所示。数值的取值范围在0～100%：当值为100%时，图层完全不透明；当值为0时，图层完全透明。

图1-91

图1-92

> **操作技法**
>
> 在"图层"面板中，"不透明度"和"填充"两个选项都可用于设置图层的不透明度，但其作用范围是有区别的。"填充"只用于设置图层的内部填充颜色，对添加到图层的外部效果（如投影）不起作用。

2. 设置图层混合模式

混合模式的应用非常广泛，在"图层"面板中，可以很方便地设置各图层的混合模式，选择不同的混合模式会得到不同的效果。

默认情况为正常模式，除正常模式外，Photoshop CC中提供了26种混合模式，分别为：溶解、变暗、正片叠底、颜色加深、线性加深、深色、变亮、滤色、颜色减淡、线性减淡（添加）、浅色、叠加、柔光、强光、亮

光、线性光、点光、实色混合、差值、排除、减去、划分、色相、饱和度、颜色和明度。在"图层"面板的"混合模式"下拉列表中选择不同选项即可改变当前图层的混合模式，如图1-93所示。

图1-93

3. 应用图层样式

双击需要添加图层样式的图层，打开"图层样式"对话框，勾选相应的复选框并设置参数以调整效果，单击"确定"按钮，如图1-94所示。

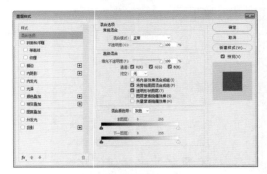

图1-94

此外，还可以单击"图层"面板底部的"添加图层样式" 按钮，在弹出的下拉菜单中选择任意一种样式，打开"图层样式"对话框，勾选相应的复选框并设置参数，若选中多个复选框，则可同时为图层添加多种样式效果。

4. 管理图层样式

还可对图层样式进行编辑与管理，合理应

用这些操作将有效提高工作效率。

（1）复制图层样式。

如果要重复使用一个已经设置好的样式，可以复制该图层样式应用到其他图层上。选中已添加图层样式的图层，选择"图层"|"图层样式"|"拷贝图层样式"命令，复制该图层样式，再选择需要粘贴图层样式的图层，选择"图层"|"图层样式"|"粘贴图层样式"命令即可完成复制。

复制图层样式的另一种方法是，选中已添加图层样式的图层，单击鼠标右键，在弹出的快捷菜单中选择"拷贝图层样式"命令，再选择需要粘贴图层样式的图层，单击鼠标右键，在弹出的快捷菜单中选择"粘贴图层样式"命令即可。

（2）删除图层样式。

删除图层样式可分为两种形式，一种是删除图层中运用的所有图层样式；另一种是删除图层中运用的部分图层样式。

（3）删除图层中运用的所有图层样式。

具体的操作方法是，将要删除的图层中的图层效果图标 *fx* 拖曳到"删除图层" 🗑 按钮上，释放鼠标即可删除图层样式。

（4）删除图层中运用的部分图层样式。

具体的操作方法是，展开图层样式，选择要删除的其中一种图层样式，将其拖曳到"删除图层" 🗑 按钮上，释放鼠标即可删除该图层样式，而其他图层样式依然被保留，如图 1-95、图 1-96 所示。

图1-95

图1-96

（5）隐藏图层样式。

有时图像中的效果太过复杂，难免会扰乱画面，这时用户可以隐藏图层效果。选择任意图层，选择"图层"|"图层样式"|"隐藏所有效果"命令，此时该图像文件中所有图层的图层样式将被隐藏。

单击当前图层已添加的图层样式前的图标 👁，即可将当前层的图层样式隐藏。此外，还可单击其中某一种图层样式前的图标 👁，即只隐藏该图层样式。

➡ 1.6 通道和蒙版

对图像的编辑实质上是对通道的编辑。通道是真正记录图像信息的地方，色彩的改变、选区的增减、渐变的产生，都可以追溯到通道中去。通道的编辑包括通道的创建、复制和删除、分离和合并，以及通道的计算等。

1.6.1 创建通道

一般情况下，在 Photoshop 中新建的通道是保存选择区域信息的 Alpha 通道，可以帮助用户更加方便地对图像进行编辑。创建通道分为创建空白通道和创建带选区的通道两种。

1. 创建空白通道

空白通道是指创建的通道属于选区通道，但选区中没有图像等信息。新建通道的方法是：在"通道"面板中单击右上角的 ≡ 按钮，在弹出的快捷菜单中选择"新建通道"命令，在打开的"新建通道"对话框中进行设置,单击"确定"按钮,如图1-97、图1-98所示。或者在"通道"面板中单击底部的"创建新通道" 按钮也可以新建一个空白通道。

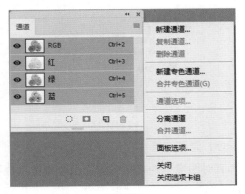

图1-97

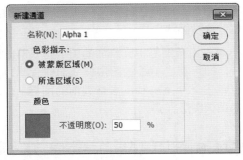

图1-98

2. 通过选区创建选区通道

选区通道是用来存放选区信息的,一般由用户保存选区,可以在图像中将需要保留的图像创建选区,然后在"通道"面板中单击"创建新通道" 按钮即可。将选区创建为新通道后能方便用户在后面的重复操作中快速载入选区。若是在背景图层上创建选区,可直接单击"将选区存储为通道" 按钮快速创建带有选区的Alpha通道。在将选区保存为Alpha通道时,选择区域被保存为白色,非选择区域被保存为黑色。如果选择区域具有羽化值,则此类选择区域中被保存为由灰色柔和过渡的通道。

1.6.2 复制和删除通道

如果要对通道中的选区进行编辑,一般都要将该通道的内容复制后再进行编辑,以免

编辑后不能还原图像。图像编辑完成后,若存储含有Alpha通道的图像会占用一定的磁盘空间,因此在存储含有Alpha通道的图像前,用户可以删除不需要的Alpha通道。

复制或删除通道的方法非常简单,只需将需要复制或删除的通道拖曳到"创建新通道" 按钮或"删除当前通道" 按钮上即可。也可以在需要复制和删除的通道上单击鼠标右键,在弹出的快捷菜单中选择"复制通道"或"删除通道"命令完成相应操作,如图1-99、图1-100所示。

图1-99

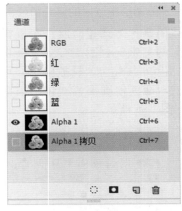

图1-100

1.6.3 分离和合并通道

在Photoshop中,用户可以将通道进行分离或者合并。分离通道可将一个图像文件中的各个通道以单个独立文件的形式进行存储,而

合并通道可以将分离的通道合并在一个图像文件中。

1. 分离通道

分离通道是将通道中的颜色或选区信息分别存放在不同的独立灰度模式的图像中，分离通道后也可对单个通道中的图像进行操作，常用于无须保留通道的文件格式而保存单个通道信息。

分离通道的方法是：在 Photoshop CC 中打开一张需要分离通道的图像，在"通道"面板中单击右上角的≣按钮，在弹出的快捷菜单中选择"分离通道"命令，此时软件自动将图像分离为三个灰度图像，如图 1-101 所示。

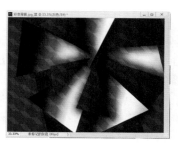

图1-101(续)

2. 合并通道

合并通道是指将分离后的通道图像重新组合成一个新图像文件。通道的合并类似于简单的通道计算，能同时将两幅或多幅图像经过分离后变为单独的通道，将灰度图像有选择性地进行合并。

合并通道的方法是：在分离后的图像中，任选一张灰度图像，单击"通道"面板右上角的≣按钮，在弹出的快捷菜单中选择"合并通道"命令，在打开的"合并通道"对话框中设置通道模式，单击"确定"按钮，如图 1-102 所示，打开"合并多通道"对话框，分别对红色、绿色、蓝色通道进行选择，单击"确定"按钮，即可按选择的相应通道进行合并，如图 1-103 所示。

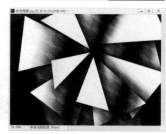

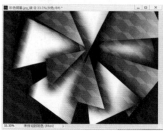

图1-101

图1-102　　　　　　　　图1-103

1.6.4　蒙版的分类

蒙版又称"遮罩"，是一种特殊的图像处理方式，其作用就像一张布，可以遮盖住处理区域中的一部分，当对处理区域内的整个图像进行模糊、上色等操作时，被蒙版遮盖起来的部分不会改变。

Photoshop 蒙版是将不同灰度色值转化为不同的透明度，并作用到它所在的图层，使图层不同部位透明度产生相应的变化。黑色为完全透明，白色为完全不透明。蒙版分为快速蒙版、矢量蒙版、图层蒙版和剪贴蒙版 4 类。

1. 快速蒙版

快速蒙版是一种临时性的蒙版，是暂时在图像表面产生一种与保护膜类似的保护装置，常用于帮助用户快速得到精确的选区。当在快速蒙版编辑状态时，"通道"面板中会出现一个临时快速蒙版通道。但是，所有的蒙版编辑是在图像窗口中完成的。

单击工具箱底部的"快速蒙版模式编辑"回按钮或者按 Q 键，进入快速蒙版编辑状态，单击"画笔工具"，适当调整画笔大小，在图像中需要添加快速蒙版的区域进行涂抹，涂抹后的区域呈半透明红色显示，然后再按 Q 键退出快速蒙版，从而建立选区，效果如图 1-104、图 1-105 所示。

快速蒙版通过用黑白灰三类颜色画笔来做选区，白色画笔可画出被选择区域，黑色画笔可画出不被选择区域，灰色画笔画出半透明选择区域。

图1-104

图1-105

2. 矢量蒙版

矢量蒙版是通过形状控制图像显示区域，它只能作用于当前图层。其本质为使用路径制作蒙版，遮盖路径覆盖的图像区域，显示无路径覆盖的图像区域。矢量蒙版可以通过形状工具创建，也可以通过路径来创建。

矢量蒙版中创建的形状是矢量图，可以使用"钢笔工具"和"形状工具"对图形进行编辑修改，从而改变蒙版的遮罩区域，也可以对其进行任意缩放。

选择"钢笔工具"，绘制图像路径，选择"图层"|"矢量蒙版"|"当前路径"命令，此时在图像中可以看到保留了路径覆盖区域图像，而背景区域则不可见，如图 1-106、图 1-107 所示。

图1-106

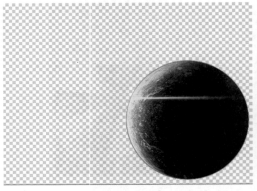

图1-107

单击"自定形状工具"，在属性栏中选择"形状"模式，设置形状样式，在图像中单击并拖动鼠标绘制形状，即可创建矢量蒙版。

3. 图层蒙版

图层蒙版可以在不破坏图像的情况下反复修改图层的效果，图层蒙版同样依附于图层而存在。图层蒙版大大方便了对图像的编辑，它并不直接编辑图层中的图像，而是通过使用画笔工具在蒙版上涂抹，以控制图层区域的显示或隐藏，常用于制作图像合成。

添加图层蒙版的方法是：首先选择添加蒙版的图层为当前图层，然后单击"图层"面板底部的"添加图层蒙版" ◘ 按钮，设置前景色为黑色，使用"画笔工具"在图层蒙版上进行绘制即可。在人物图层上新建图层蒙版，然后利用"画笔工具"擦除多余背景，只保留人物部分的效果，如图1-108、图1-109 所示。

图1-108

图1-109

添加图层蒙版的另一种方法是：当图层中有选区时，在"图层"面板上选择该图层，单击面板底部的"添加图层蒙版"按钮，选区内的图像被保留，而选区外的图像将被隐藏。

4．剪贴蒙版

剪贴蒙版是使用处于下方图层的形状来限制上方图层的显示状态。剪贴蒙版由两部分组成：一部分为基层，即基础层，用于定义显示图像的范围或形状；另一部分为内容层，用于存放将要表现的图像内容。使用剪贴蒙版能够

在不影响原图像的同时有效地完成剪贴制作。蒙版中的基底图层名称带下划线，上层图层的缩览图是缩进的。

创建剪贴蒙版有两种方法。

（1）在"图层"面板中按住 Alt 键的同时将鼠标移至两图层间的分隔线上，当其变为形状时，单击鼠标左键即可，如图 1-110 所示。

（2）在"图层"面板中选择要进行剪贴的两个图层中的内容层，按 Ctrl+Alt+G 组合键即可，如图 1-111 所示。

图1-110

图1-111

在使用剪贴蒙版处理图像时，内容层一定位于基础层的上方，才能对图像进行正确剪贴。创建剪贴蒙版后，再按 Ctrl+Alt+G 组合键即可释放剪贴蒙版。

1.7 图像色彩的调整

构成图像的重要元素之一便是色彩，调整色彩，既能带给人们不同的视觉感受，也会使图像呈现出全新面貌。

1.7.1 色彩平衡命令

色彩平衡是指调整图像整体色彩平衡，只作用于复合颜色通道，在彩色图像中改变颜色的混合，用于纠正图像中明显的偏色问题。使用"色彩平衡"命令可以在图像原色的基础上根据需要添加其他颜色，或通过增加某种颜色的补色，以减少该颜色的数量，从而改变图像的色调。

选择"图像"|"调整"|"色彩平衡"命令或者按 Ctrl+B 组合键，弹出"色彩平衡"对话框，从中可以通过设置参数或拖动滑块来控制图像色彩的平衡，如图 1-112 所示。

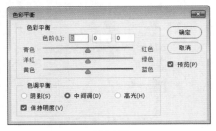

图 1-112

在"色彩平衡"对话框中，各选项的含义介绍如下。

"色彩平衡"选项区：在"色阶"后的文本框中输入数值即可调整组成图像的 6 个不同原色的比例，用户也可直接用鼠标拖动文本框下方 3 个滑杆中滑块的位置来调整图像的色彩。

"色调平衡"选项区：用于选择需要进行调整的色彩范围。包括阴影、中间调和高光，选中某一个单选按钮，就可对相应色调的像素进行调整。勾选"保持明度"复选框，在调整色彩时将保持图像明度不变。

1.7.2 色相/饱和度命令

"色相 / 饱和度"主要用于调整图像像素的色相及饱和度，通过对图像的色相、饱和度和亮度进行调整，从而达到改变图像色彩的目的。此外，通过给像素定义新的色相和饱和度，实现灰度图像上色的功能，或创作单色调效果。

选择"图像"|"调整"|"色相"/"饱和度"

命令或者按 Ctrl+U 组合键，弹出"色相 / 饱和度"对话框，如图 1-113 所示。

图 1-113

在该对话框中，若选择"全图"选项可一次调整整幅图像中的所有颜色。若选中"全图"选项之外的选项，则色彩变化只对当前选中的颜色起作用。若勾选"着色"复选框，则通过调整色相和饱和度，能让图像呈现多种富有质感的单色调效果。

1.7.3 替换颜色命令

"替换颜色"命令将针对图像中某颜色范围内的图像进行调整，作用是用其他颜色替换图像中某个区域的颜色，以调整色相、饱和度和明度值。简单来说，"替换颜色"命令可以视为一项结合了"色彩范围"和"色相 / 饱和度"命令的功能。

选择"图像"|"调整"|"替换颜色"命令，弹出"替换颜色"对话框，如图 1-114 所示。

图 1-114

将鼠标移动到图像中需要替换颜色的图像上单击以吸取颜色，并设置颜色容差，在图像栏中出现需要替换颜色的选区，呈黑白图像显示，白色代表替换区域，黑色代表不需要替换的颜色。设定好需要替换的颜色区域后，在"替换"选项区域中拖动三角形滑块对"色相""饱和度"和"明度"进行调整替换，同时可以移动"颜色容差"下的滑块进行拖动，数值越大，模糊度越高，替换颜色的区域越大。替换颜色前后对比效果，如图1-115、图1-116所示。

图1-115

图1-116

1.7.4 通道混和器命令

通道混和器可以将图像中某个通道的颜色与其他通道中的颜色进行混合，使图像产生合成效果，从而达到调整图像色彩的目的。通过对各通道彼此不同程度的替换，会使图像产生戏剧性的色彩变换，并赋予图像不同的画面效果与风格。

选择"图像"|"调整"|"通道混和器"命令，在弹出的"通道混和器"对话框中可通过设置参数或拖动滑块来控制图像色彩，如图1-117所示。

图1-117

在"通道混和器"对话框中，各选项的含义如下。

- 输出通道：在该下拉列表中可以选择对某个通道进行混合。

- "源通道"选项区：拖动滑块可以减少或增加源通道在输出通道中所占的百分比。

- 常数：该选项可将一个不透明的通道添加到输出通道，若为负值则为黑通道，正值则为白通道。

- "单色"复选框：勾选该复选框后则对所有输出通道应用相同的设置，创建该色彩模式下的灰度图，也可继续调整参数让灰度图像呈现不同的质感效果。

➡ **1.8** 滤镜

滤镜也称为"滤波器"，是一种特殊的图像效果处理技术。实际应用中，主要分为软件自带的内置滤镜和外挂滤镜两种。选择"滤镜"命令，用户可查看滤镜菜单，其中包括多个滤镜组，在滤镜组中又有多个滤镜子菜单命令，可通过执行一次或多次滤镜命令为图像添加不同的效果。

1.8.1 独立滤镜组

在 Photoshop CC 中，独立滤镜不包含任何滤镜子菜单命令，直接选择即可使用。下面对液化滤镜进行详细介绍。

1.8.2 液化滤镜

液化滤镜的原理是将图像以液体形式进行流动变化，让图像在适当的范围内用其他部分的像素图像替代原来的图像像素。使用液化滤镜能对图像进行收缩、膨胀扭曲以及旋转等变形处理，还可以定义扭曲的范围和强度，同时能将调整好的变形效果存储起来或载入以前存储的变形效果。液化滤镜一般用于快速对照片人物进行瘦脸、瘦身。

选择"滤镜"|"液化"命令，弹出"液化"对话框。其中，左侧工具箱中包含 10 种应用工具，如图 1-118 所示。

图 1-118

在"液化"对话框中工具的作用如下。

- 向前变形工具 ：该工具可以移动图像中的像素，得到变形的效果。

- 重建工具 ：使用该工具在变形区域单击鼠标或拖动鼠标进行涂抹时，可以将变形区域的图像恢复到原始状态。

- 顺时针旋转扭曲工具 ：使用该工具在图像中单击鼠标或移动鼠标时，图像被顺时针旋转扭曲；按住 Alt 键单击鼠标时，图像会被逆时针旋转扭曲。

- 褶皱工具 ：使用该工具在图像中单击鼠标或移动鼠标时，可以使像素向画笔中间区域移动，使图像产生收缩效果。

- 膨胀工具 ：使用该工具在图像中单击鼠标或移动鼠标时，可以使像素向画笔中心区域以外的方向移动，使图像产生膨胀的效果。

- 左推工具 ：该工具可以使图像产生挤压变形的效果。使用该工具垂直向上拖动鼠标时，像素向左移动；向下拖动鼠标时，像素向右移动。按住 Alt 键垂直向上拖动鼠标时，像素向右移动；向下拖动鼠标时，像素向左移动。使用该工具围绕对象顺时针拖动鼠标，可增大图像；逆时针拖动鼠标，则缩小图像。

- 冻结蒙版工具 ：使用该工具可以在预览窗口绘制出冻结区域，在调整时，冻结区域内的图像不会受到变形工具的影响。

- 解冻蒙版工具 ：使用该工具涂抹冻结区域能够解除该区域的冻结。

- 抓手工具 ：放大图像的显示比例后，可使用该工具移动图像，以观察图像的不同区域。

- 缩放工具 ：使用该工具在预览区域中单击可放大图像的显示比例；按下 Alt 键在该区域中单击，则会缩小图像的显示比例。

使用液化滤镜修饰人物前后的对比效果，如图 1-119、图 1-120 所示。

图 1-119

图1-120

1.8.3 滤镜库

滤镜库是为方便用户快速找到滤镜而设置的，在滤镜库中有风格化、画笔描边、扭曲、素描、纹理和艺术效果等选项，每个选项中包含多种滤镜效果，用户可根据需要自行选择想要的图像效果。

选择"滤镜"|"滤镜库"命令，在弹出的"滤镜库"对话框中，用户可以根据需要设置图像的效果。若要同时使用多个滤镜，可以在对话框右下角单击"新建效果图层" 🗔 按钮，即可新建一个效果图层，从而实现多滤镜的叠加使用，如图 1-121 所示。

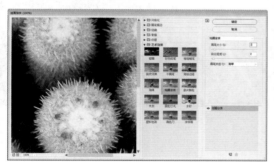

图1-121

"滤镜库"对话框主要由以下几部分组成。

- 预览框：可预览图像的变化效果，单击底部的 🗕 或 🗖 按钮，可缩小或放大预览框中的图像。
- 滤镜面板：在该区域中显示了风格化、画笔描边、扭曲、素描、纹理和艺术效果 6 组滤镜，单击每组滤镜前面的三角形图标即可展开该滤镜组，可看到该组中所包含的具体滤镜。
- 按钮 🔼：单击该按钮可隐藏或显示滤镜面板。
- 参数设置区：在该区域中可设置当前所应用滤镜的各种参数值和选项。

🏷 操作技法

单击滤镜效果，滤镜名称会自动出现在滤镜列表中，当前选择的滤镜效果图层呈灰底显示。若需要对图像应用多种滤镜，则单击"新建效果图层" 🗔 按钮，此时创建的是与当前滤镜相同的效果图层，然后选择其他滤镜效果即可。

1.8.4 其他滤镜组

其他滤镜组指的是除滤镜库和独立滤镜外Photoshop CC 提供的一些较为特殊的滤镜，包括模糊滤镜、锐化滤镜、像素化滤镜、渲染以及杂色滤镜等。

第 ② 章　CorelDRAW X8平面设计入门

　　CorelDRAW是一款应用非常广泛的软件，无论是广告设计、海报设计、插图绘画，还是网页制作、界面设计、VI设计等都可以使用这款矢量软件进行制作。CorelDRAW的强大绘制功能和简单明了的操作方式深受平面设计师的青睐。

学习目标

➤ 掌握图形的绘制与填充
➤ 熟练掌握对象的编辑与管理
➤ 熟练应用文本的编辑操作
➤ 熟练应用矢量图形特效
➤ 掌握矢量图形与位图的转换

◎调整阴影透明度

◎均匀透明度

→ 2.1 开启CorelDRAW X8之旅

启动 CorelDRAW X8 软件，选择界面左上角"新建文档"按钮 ，在弹出的对话框中单击"确定"按钮，进入工作界面，如图 2-1 所示。

CorelDRAW 的操作界面主要包括菜单栏、标准工具箱、属性栏、工具箱、绘图页面、泊坞窗、调色板以及状态栏。

图2-1

1. 菜单栏

菜单栏中的各个菜单控制并管理着整个界面的状态和图像处理的要素，选择菜单栏上任一菜单，则弹出菜单列表，其中有的命令包含扩展箭头 ，把光标移至该命令上，可弹出该命令的子菜单。

2. 标准工具栏

通过使用标准工具栏中的快捷按钮，可简化操作步骤，提高工作效率。

3. 属性栏

属性栏包含了当前用户所使用的工具或所选择对象相关的可使用的功能选项，它的内容根据所选择的工具或对象的不同而不同。

4. 工具箱

工具箱中集合了 CorelDRAW 的大部分工具，每个按钮都代表一个工具，有些工具按钮的右下角有黑色小三角，表示该工具下包含了相关系列的隐藏工具，单击该按钮可以弹出一个子工具条，子工具条中的按钮各代表一个独立的工具。

5. 绘图页面

绘图页面用于图像的编辑，对象产生的变化会自动反映到绘图窗口中。

6. 泊坞窗

泊坞窗也常被称为面板，可以放置各种的管理器和编辑命令。选择"窗口"|"泊坞窗"命令，在子菜单中可以选择打开泊坞窗。泊坞窗显示的内容并不固定，选择"窗口"|"泊坞窗"命令，在子菜单中可以选择需要的泊坞窗。

7. 调色板

在调色板中可以方便地为对象设置轮廓或填充颜色。单击 ▶ 按钮时可以显示更多颜色，单击 ▲ 或 ▼ 按钮，可以上下滚动调色板以查询更多颜色。

8. 状态栏

状态栏是位于窗口下方的横条，显示了所选择对象有关的信息，如对象的轮廓线色、填充、对象所在图层等。

2.1.1 创建新文档

在 CorelDRAW 中进行绘图之前，需要新建一个新的空白文档。选择"文件"|"新建"命令，弹出"创建新文档"对话框，对相应的属性进行设置，如图 2-2 所示。单击"确定"按钮，即可创建一个空白的新文档，如图 2-3 所示。

图2-2

图2-3

在 CorelDRAW 软件中，提供了一些模板的应用，通过这些模板可以创建带有通用内容的文档。

选择"文件"|"从模板新建"命令，弹出"从模板新建"对话框，如图2-4所示。选择一种合适的模板，单击"打开"按钮。此时新建的文档中带有模板中的内容，以便于用户在此基础上进行快捷编辑，如图2-5所示。

图2-4

图2-5

操作技法

选择标准工具栏中的□按钮，即可打开"创建新文档"对话框。选择🏠按钮也可打开"创建新文档"对话框。

2.1.2　保存文档

保存文档是指将文档存储到某个区域以便下次使用。如果不进行保存，那么就无法在关闭文档之后对其再次进行编辑。

选择所要保存的文档，选择"文件"|"保存"命令或按 Ctrl+S 组合键，或单击标准工具栏中的"保存"按钮🖪，弹出"保存绘图"对话框，如图 2-6 所示。

图2-6

在该对话框中选择合适的文件存储位置，并设置合适的名称、文件格式，单击"保存"按钮，即可进行保存，如图 2-7 所示。

图2-7

对于已经保存过的文档，选择"文件"|"另存为"命令或按 Ctrl+Shift+S 组合键，弹出"保

存绘图"对话框,可以重新设置文档位置及名称等信息。

随着软件的不断更新,CorelDRAW 升级了很多版本,该软件高版本可以打开低版本的文档,但低版本的软件打不开高版本的文件。我们可以在存储时通过更改"版本"选项去选择文档存储的软件版本,如图 2-8 所示。

图2-8

2.1.3 导出文档

导出命令可以将 CorelDRAW 文档导出为用于预览、打印输出或其他软件能够打开的文档格式。

选择"文件"|"导出"命令或按 Ctrl+E 组合键,或单击标准工具栏中的"导出" ⬆ 按钮,弹出"导出"对话框,设置导出文档的位置,并选择一种合适的格式,然后单击"导出"按钮,如图 2-9 所示。

图2-9

2.2 图形的绘制与填充

绘制图形时,通常使用线性绘图工具和几何绘图工具这些比较基础的工具,在使用这些

工具绘制图形时,要根据具体绘制的图形而选择不同的绘图工具。

2.2.1 直线与曲线的绘制

工具箱中有一组专用于绘制直线、折线、曲线,或由折线、曲线构成的矢量形状的工具,我们称之为"线形绘图工具"。按住工具箱中的"手绘工具" ⯚ 按钮 1~2 秒,在弹出的工具组列表中可以看到多种工具,如图 2-10 所示。

图2-10

在上述"线形绘图工具组"中,介绍下面几种常用工具:手绘工具、2 点线工具、贝塞尔工具、钢笔工具和 B 样条工具。

1. 手绘工具

"手绘工具" ⯚ 可以用于绘制随意的曲线。直线以及折线。选择"手绘"工具在起点单击使光标变为 ⯚,按住 Ctrl 键并拖动光标,可以绘制出 15° 增减的直线,如图 2-11 所示。选择"工具"|"选项"命令,弹出"选项"对话框,选择"工作区"|"编辑"选项,对"限制角度"进行设置,如图 2-12 所示。

图2-11

图2-12

2. 2点线工具

"2点线工具" 📏 可以绘制任意角度的直线段、垂直于图形的垂直线以及与图形相切的切线段。

选择工具箱中线形绘图工具组中的"2点线工具" 📏，在属性栏可以看到这3种模式，单击即可进行切换，如图2-13所示。

图2-13

上述工具在属性栏中的选项含义介绍如下。

● 2点线工具 📏：连接起点和终点绘制一条直线，如图2-14所示。

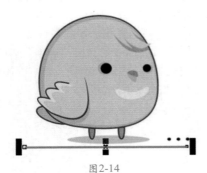

图2-14

● 垂直2点线 🖊：绘制一条与现有的线条或对象垂直的2点线，如图2-15所示。

● 相切的2点线 ⊙：绘制一条与现有的线条或对象相切的2点线，如图2-16所示。

图2-15

图2-16

3. 贝塞尔工具

"贝塞尔工具" ✒ 是创建复杂而精确的图形最常用的工具之一，它可以绘制包含折线、曲线的各种各样的复杂矢量形状。

4. 钢笔工具

"钢笔工具" ✒ 是一款功能强大的绘图工具，使用钢笔工具配合形状工具可以制作出复杂而精准的矢量图形。

单击工具箱中线形绘图工具组中的"钢笔工具"，会显示其属性栏，如图2-17所示。

图2-17

上述工具在属性栏中的选项含义介绍如下。

● 预览模式 🔍：画线段时对其进行效果预览。

● 自动添加或删除节点 📍：单击线段上的节点可添加节点，选中节点可删除节点。

● 轮廓宽度 🖊：设置绘制的对象的轮廓宽度。

● 闭合路径 ⟩：闭合会分离路径的曲线节点。

5．B 样条工具

"B 样条工具" 可以通过调整控制点的方式绘制曲线路径，控制点和控制点之间形成的夹角度数会影响曲线的弧度。

选择工具箱中线性绘图工具组中的"B 样条"工具，单击鼠标左键创建控制点，多次移动鼠标创建多个控制点。每 3 个控制点之间会呈现出弧度。按 Enter 键结束绘制，如图 2-18 所示。选择形状工具，改变控制点位置调整弧度形态，如图 2-19 所示。

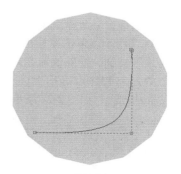

图2-18

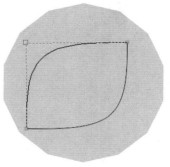

图2-19

2.2.2　使用形状工具调整矢量图形

"形状工具" 是用来调整矢量图形外形的工具，它通过调整节点的位置、尖突或平滑、断开或连接以及对称使图形发生相应的变化。

单击工具箱中的"形状工具"，可以看到属性栏中包含多个按钮，通过这些按钮可以对节点进行添加删除、转换等操作，如图 2-20 所示。

图2-20

上述工具在属性栏中选项含义介绍如下。

- 连接两个节点：选中两个未封闭的节点，如图 2-21 所示。单击属性栏中的"连接两个节点工具"，两个节点自动向两点中间的位置移动并进行闭合，如图 2-22 所示。

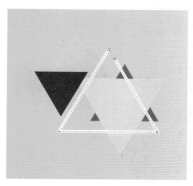

图2-21

图2-22

- 断开节点：选择路径上一个闭合的点，如图 2-23 所示。单击属性栏中的"断开节点工具"使路径断开，该节点变为两个重合的节点，如图 2-24 所示。
- 转换为线条：将曲线转换为直线。
- 转换为曲线：将直线转换为曲线。
- 节点类型：选中路径上的节点，单击此处按钮即可切换节点类型：尖突节点，平滑节点，对称节点。
- 反转方向：反转开始节点和结束节点的位置。

图2-23

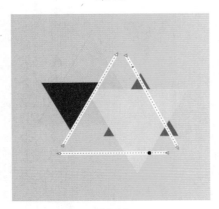

图2-24

- 提取子路径 ※：从对象中提取所选的子路径来创建两个独立对象。
- 延长曲线使之闭合 ⬚：当绘制了未闭合的曲线图形时，可以选中曲线上未闭合的两个节点，如图 2-25 所示。选择属性栏中的"延长曲线使之闭合"工具，即可使曲线闭合，如图2-26所示。

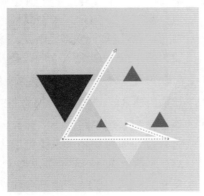

图2-25

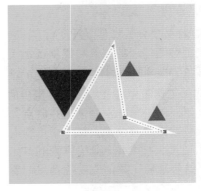

图2-26

- 闭合曲线 ⬚：选择未闭合的曲线，如图 2-27 所示。单击属性栏中的"闭合曲线"按钮，能够快速在未闭合曲线上的起点和终点之间生成一段路径，使曲线闭合，如图 2-28 所示。

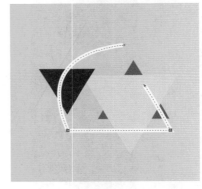

图2-27

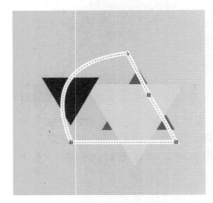

图2-28

- 延展与缩放节点 ⬚：对选中的节点和之间的路径进行比例缩放。
- 旋转与倾斜节点 ⬚：通过旋转倾斜节

点调整曲线段的形态。

- 对齐节点 ⬚：选择多个节点时，单击该按钮，在弹出的对话框中设置节点的水平、垂直对齐方式。
- 水平/垂直反射节点 ⬚⬚：编辑对象中水平/垂直镜像的相应节点。
- 选中所有节点 ⬚：单击该按钮，快速选中该路径上的所有节点。
- 减少节点 减少节点：自动删除选定内容中的节点以提高曲线的平滑度。
- 曲线平滑度 ⬚⬚⬚：通过更改节点数量调整曲线的平滑程度。

2.2.3　几何绘图工具

图形的绘制都是由基本图形构成的。椭圆形、矩形、多边形、曲线以及直线等简单形状就构成了 CorelDRAW 基础图形。几何绘图工具位于工具箱的 3 个工具组中，如图 2-29～图 2-31 所示。

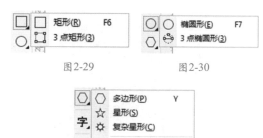

图2-29　　　　　　图2-30

图2-31

如下所学习的工具，使用方法大致相同，操作步骤为：选择相应的工具，在属性栏中对其参数进行调整，然后在画面中按住鼠标左键并拖动，即可创建出相应图形。绘制完成后，选中绘制的图形还可在属性栏中设置参数。

🏷 操作技法

在选择某种形状绘制工具时按住 Ctrl 键，可以绘制正的图形，例如：正方形、正圆形。

按住 Shift 键进行绘制能够以起点作为对象的中心点绘制图形；

按 Shift+Ctrl 组合键进行绘制，可以绘制出从中心向外扩展的正图形；图形绘制完成后，选中该图形，在属性栏中仍可更改图形的属性。

1.　矩形

矩形工具组中包含"矩形" ⬚ 和"3 点矩形" ⬚ 两种工具，使用这两种工具可以绘制长方形、正方形、圆角矩形、扇形角矩形以及倒菱角矩形。使用矩形工具设计的作品，如图 2-32～图 2-36 所示。

图2-32　　　　　　图2-33

图2-34

单击工具箱中矩形工具组中的"矩形" ⬚ 按钮，在画面中按鼠标左键并向右下角进行拖曳，释放鼠标即可得到一个矩形，如图 2-35 所示。按住鼠标左键的同时按 Ctrl 键可以得到一个正方形，如图 2-36 所示。

图2-35

图2-36

选择"矩形工具"绘制矩形后，还可以在属性栏中设置其转角形态，包括：圆角⬜、扇形角⬜和倒棱角⬜ 3 种。在属性栏中设置"转角半径"可以改变角的大小，三种不同的转角效果如图2-37～图2-39所示。

图2-37

图2-38

图2-39

🏷 操作技法

　　当属性栏中的所有"角"按钮🔒处于启用状态时，四个角的参数处于同时调整状态。而单击该按钮，可使之处于分开调整同时状态。

2. 3点椭圆形工具

　　椭圆工具组包括两种工具："椭圆形工具"⬭和"3点椭圆形工具"⬭，使用这两种工具可以绘制椭圆形、正圆形、饼形和弧形。选择"3点椭圆形工具"，在绘图区单击，向右拖动鼠标，如图 2-40 所示。继续向下拖动鼠标，如图 2-41 所示。

图2-40

图2-41

　　选择"3点椭圆形工具"绘制图形，在属性栏中出现相对应的椭圆形⬭、饼形⬗、弧形⬗ 3 种属性设置，如图 2-42～图 2-44 所示。

图2-42

图2-43

图2-44

3.　多边形工具

"多边形工具" ⬡ 可以绘制三个边及以上边数的多边形图形。

选择工具箱中形状工具组中的"多边形工具"，拖动绘制图形，如图 2-45 所示。在属性栏中的"点数或边数"数值框 ⬡ 14 ⬍ 中，输入所需的边数，在绘图区按住鼠标左键并拖曳，即可绘制出多边形，如图 2-46 所示。

图2-45

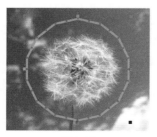

图2-46

4.　星形工具

"星形工具" ☆ 可以绘制不同边数、不同锐度的星形。

选择工具箱中形状工具组中的"星形工具"，绘制星形图形，如图 2-47 所示。在属性栏中设置合适的点数或边数以及锐度，在绘图区按住鼠标左键并拖曳，确定星形的大小后释放鼠标，效果如图 2-48 所示。

图2-47

图2-48

- 点数或边数 ☆ 5 ⬍：在属性栏中设置星形的点数或边数，数值越大星形的角越多。
- 锐度 △ 53 ⬍：设置星形上每个角的锐度，数值越大每个角就越尖。

> 🔷 操作技法
>
> 在 CorelDRAW 中矢量对象分为两类：
> 使用"钢笔"，"贝塞尔"等线形绘图工具绘制"曲线"对象，使用"矩形"、"椭圆"、"星形"等工具绘制"形状"对象。
> "曲线"对象是可以直接对节点进行编辑调整的，而"形状"对象则不能够直接对节点进行移动等操作。
> 如果想要对"形状对象"的节点进行调整则需要转换为曲线后进行操作。
> 选中"形状对象"，单击属性栏中的"转换为曲线"按钮，即可将几何图形转换为曲线。转换为曲线的形状不可再进行原始形状的特定属性调整。

2.2.4 交互式填充工具

"交互式填充工具" 可以为矢量对象设置纯色、渐变、图案等多种形式的填充。

选择"交互式填充工具"，在属性栏中可以看到多种类型的填充方式：无填充、均匀填充、渐变填充、向量图样填充、位图图样填充、双色图样填充、底纹填充（位于工具组中）、PostScript 填充（位于工具组中）。

选中矢量对象，选择属性栏中一种填充工具。除均匀填充以外的其他方式都可以进行交互式调整。渐变填充、位图图样填充效果如图 2-49、图 2-50 所示。

图2-49

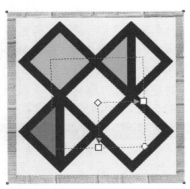

图2-50

选择不同的填充方式，在属性栏中都会有不同的设置选项。但其中 3 项参数选项是任何填充方式下都存在的设置，如图 2-51 所示。

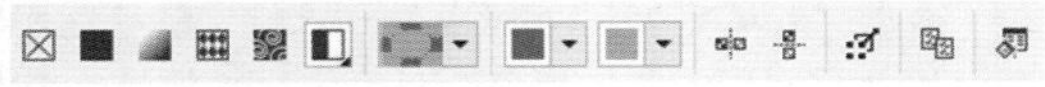

图2-51

上述工具在属性栏中的选项含义如下。

● 填充挑选器 ：从个人或公共库中选择填充。

● 复制填充 ：将文档中其他对象的填充应用到选定对象。

● 编辑填充 ：单击该按钮可以弹出"编辑填充"对话框，在这里可以对填充的属性进行编辑。

选中带有填充的对象，如图 2-52 所示。单击工具箱中的"交互式填充工具" ，在属性栏中单击"无填充" 按钮，即可清除填充图案，如图 2-53 所示。

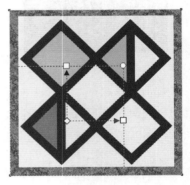

图2-52

图2-53

1．均匀填充

均匀填充就是在封闭的图形对象内填充单一的颜色。使用均匀填充制作的作品如图 2-54～图 5-56 所示。

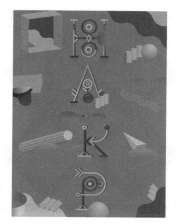

图2-54

图2-55

图2-56

2. 渐变填充

渐变填充是两种或两种以上颜色过渡的

效果。在 CorelDRAW 中提供了线性渐变填充▨、椭圆形渐变填充▨、圆锥形渐变填充▨和矩形渐变填充▨ 4 种不同的渐变填充效果，设计使用渐变填充制作的作品，如图 2-57～图 2-59 所示。

图2-57

图2-58

图2-59

3. 向量图样填充

向量图样填充是将大量重复的图案以拼贴的方式填入到对象中。使用向量图样填充的效果如图 2-60、图 2-61 所示。

图 2-60

图 2-61

4. 位图图样填充

位图图样填充可以将位图对象作为图样填充在矢量图形中。使用位图图样填充的效果如图 2-62、图 2-63 所示。

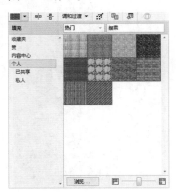

图 2-62

图 2-63

5. 双色图样填充

双色图样填充■可以在预设列表中选择一种黑白双色图样，然后通过分别设置前景色区域和背景色区域的颜色来改变图样效果，如图 2-64、图 2-65 所示。

图 2-64

图 2-65

6. 底纹填充

底纹填充▣是应用预设底纹填充创建各种自然界中的纹理效果，如图2-66、图2-67所示。

图2-66

图2-67

7. PostScript 填充

PostScript 填充▣是一种由 PostScript 语言计算出来的花纹填充，这种填充不但纹路细腻，而且占用空间不大，适用于较大面积的花纹设计，效果如图2-68、图2-69所示。

图2-68

图2-69

2.3 对象的编辑管理

在绘制图形时，会使用大量文字和图形对象，所以合理的对象管理就显得十分重要。对于对象的编辑管理主要包括对象的基本变换和对象的造型。

2.3.1 对象的基本变换

在对图形进行变换之前先要选中该对象，然后才能进行移动、旋转等操作。使用选择工具能够完成大部分的变换操作，如图2-70、图2-71所示。

图2-70

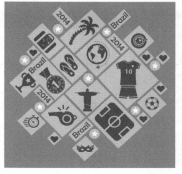

图2-71

1. 移动对象

选择"选择工具" 将对象选中，将光标移动到对象中心点 × 上，按住鼠标左键并拖动，松开鼠标后即可移动对象，如图 2-72、图 2-73 所示。

图 2-72

图 2-73

操作技法

选中对象，按键盘上的上下左右方向键，可以使对象按预设的微调距离移动。

2. 缩放对象

将光标定位到四角控制点处，按住鼠标左键并进行拖动，可进行等比例缩放。如果按住四边中间位置的控制点并进行拖动，可以单独调整宽度及长度，此时对象的缩放将无法保持等比例，如图 2-74、图 2-75 所示。

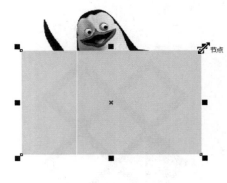

图 2-74

图 2-75

3. 旋转对象

双击该对象，控制点变为弧形双箭头形状 ，按住某一弧形双箭头并进行移动即可旋转对象，如图 2-76、图 2-77 所示。

图 2-76

图2-77

4．倾斜对象

当对象处于旋转状态下，对象四边处的控制点变为倾斜控制点时 ↔ ，按住鼠标左键并进行拖动，对象将产生一定的倾斜效果，如图 2-78、图 2-79 所示。

图2-78

图2-79

5．镜像对象

"镜像"可以将对象进行水平或垂直的对称性操作。选中图形，在属性栏中选择水平镜像或者垂直镜像效果，如图 2-80、图 2-81 所示。

图2-80

图2-81

2.3.2　对象的造型

对象的造型功能可以理解为将多个矢量图形进行融合、交叉或改造，从而形成新的对象，这个过程也被称之为"运算"。

在 CorelDRAW 中，很多图形都是通过一些基础图形经过造型而来的，有合并、修剪、相交、简化、移除后面对象、移除前面对象和边界 7 种造型方式。使用对象造型的设计作品如图 2-82、图 2-83 所示。

图2-82

图2-83

对象的造型有两种方式，一种是通过单击属性栏中的按钮进行造型，另一种是打开"造型"泊坞窗进行造型。

选择两个图形，在属性栏中即可出现造型命令的按钮，例如：单击"相交" 按钮即可进行相应的造型，如图2-84、图2-85所示。

图2-84

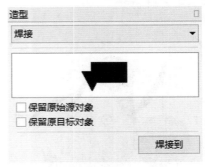

图2-85

选择两个图形，选择"窗口"|"泊坞窗"|"造型"命令，打开"造型"泊坞窗。在列表中选择一种合适的造型类型，例如选择"焊接"，然后单击下方的"焊接到"按钮，然后将光标移动到图形上方单击鼠标左键，即可进行造型，如图2-86、图2-87所示。

图2-86

图2-87

1. 合并

"合并" 将两个或多个对象结合在一起成为一个独立对象。在"造型"泊坞窗中称为"焊接"。

选择需要合并的对象，如图 2-88 所示。单击属性栏中的"合并"按钮，此时多个对象被合并为一个对象，如图 2-89 所示。

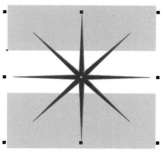

图2-88

图2-89

2. 修剪

"修剪" ⬚ 选择一个对象的形状剪切下另一个对象形状的一个部分，修剪完成后，目标对象保留其填充和轮廓属性。

选择需要修剪的两个对象，如图 2-90 所示。单击属性栏中的"修剪"按钮，移走顶部对象后，可以看到重叠区域被删除了，如图 2-91 所示。

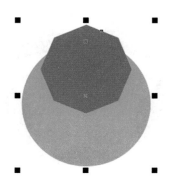

图2-90

图2-91

3. 相交

"相交" ⬚ 可以将对象的重叠区域创建为一个新的独立对象。

选择两个对象，单击属性栏中的"相交"按钮，对两个图形相交的区域进行保留，移动图像后可看见相交后的效果，如图 2-92、图 2-93 所示。

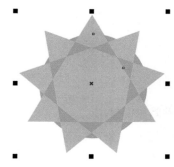

图2-92

图2-93

4. 简化

"简化" ⬚ 去除相交对象之间重叠的区

域。选择两个对象，如图2-94所示。单击属性栏中的"简化"按钮，移动图像后可看见相交后的效果，如图2-95所示。

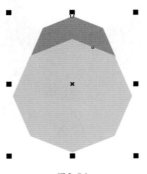

图2-94

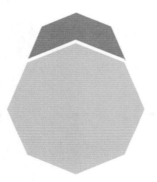

图2-95

5. 移除后面对象

"移除后面对象" 利用下层对象的形状，减去上层对象中的部分。选择两个重叠对象，如图2-96所示。单击属性栏中的"移除后面对象"按钮。此时下层对象消失了，同时上层对象中下层对象形状范围内的部分也被删除了，如图2-97所示。

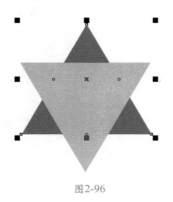

图2-96

图2-97

6. 移除前面对象

"移除前面对象" 可以利用上层对象的形状，减去下层对象中的部分。选择两个重叠对象，如图2-98所示。单击属性栏中的"移除前面对象"按钮，此时上层对象消失了，同时下层对象中上层对象形状范围内的部分也被删除了，如图2-99所示。

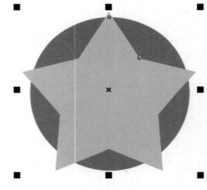

图2-98

图2-99

7. 边界

"边界" 能够以一个或多个对象的整体外形创建矢量对象。选择多个对象，单击属性栏中的"边界"按钮，可以看到图像周围出现与对象外轮廓形状相同的图形，如图 2-100、图 2-101 所示。

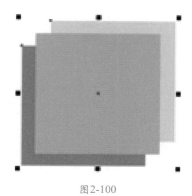

图 2-100

图 2-101

图 2-102

图 2-103

用美术字，当对大段文字排版时需要使用"段落文字"。除此之外，还可以创建"路径文本"和"区域文字"。使用文本工具设计的作品如图 2-102～图 2-104 所示。

2.4 文本的编辑操作

CorelDRAW 有着强大的文字处理能力，不仅可以创建多种不同形式的文字，还可以通过参数的设置制作出丰富的效果。对于文本的使用主要是以绘制文本、创建段落文本，以及对于路径文本和区域文本的创建和应用。

2.4.1 认识文本

创建文本是文本处理的最基本操作，在CorelDRAW 中，文本分为"美术字"和"段落文字"两种类型，当需要键入少量文字时可使

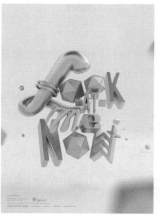

图 2-104

在输入文字之前选择工具箱中的"文本工具"字，在属性栏中会显示其相关选项，可对文本的一些最基本属性进行设置，例如：字体、字号、样式、对齐方式等，如图2-105所示。

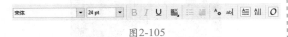

图2-105

该属性栏中各选项含义介绍如下。

- 字体列表 宋体 ：在字体列表框中选择一种字体，即可为新文本或所选文本设置字样。

- 字体大小 24 pt ：在下拉列表框中选择字号或输入数值，为新文本或所选文本设置一种指定字体大小。

- 粗体／斜体／下划线 B I U ：单击"粗体"按钮可以将文本设为粗体。单击"斜体"按钮可以将文本设为斜体。单击"下划线"按钮可以为文字添加下划线。

- 文本对齐 ：单击"文本对齐"按钮，弹出快捷菜单，在无、左、居中、右、全部调整以及强制调整中选择一种对齐方式，如图2-106所示。

图2-106

- 符号项目列表 ：添加或移除项目符号列表格式。

- 首字下沉 ：首字下沉是指段落文字的第一个字母尺寸变大且位置下移至段落中。单击该按钮即可为段落文字添加或去除首字下沉效果。

- 文本属性 ：单击该按钮即可打开"文本属性"泊坞窗，在其中可以对文字的各个属性进行调整，如图2-107、

图2-108所示。

图2-107

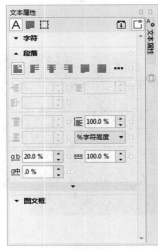

图2-108

- 编辑文本 abl ：选择需要设置的文字，单击文本工具属性栏中的"编辑文本"按钮，在弹出的"文本编辑器"对话框中修改文本以及字体、字号和颜色。

- 文本方向 ：选择文字对象，单击文本工具属性栏中的"将文本改为水平方向"按钮或"将文本改为垂直反方向"按钮，可以将文字转换为水平或垂直方向。

- 交互式 OpenType O ：OpenType 功能可用于选定文本时在屏幕上显示指示。

2.4.2　创建文本

1.　创建段落文本

对于大量文字的编排，可以通过创建段落文本的方式进行编排。选择工具箱中的文本工具，在绘图区按住鼠标左键并从左上角向右下角进行拖曳，创建出文本框，如图2-109所示。

文本框创建完成后，在文本框中输入文字即可，这段文字被称之为"段落文本"。该文本框的作用是输入文字后，段落文本会根据文本框的大小、长宽自动换行，当调整文本框架的长宽时，文字的排版也会发生变化，如图2-110所示。

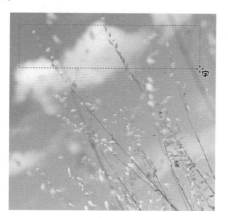

图2-109

图2-110

2.　创建路径文本

路径文本可以使文字沿着路径进行排列，当改变路径的形态后文本的排列方式

也会发生变化。使用路径文本制作的作品如图2-111~图2-113所示。

图2-111

图2-112

图2-113

当处于路径文字的输入状态时，在文本工具的属性栏中可以进行文本方向、距离、偏移等参数的设置，如图2-114所示。

图2-114

该属性栏中各选项含义介绍如下。

- 文本方向 ：指定文字的总体朝向，包含5种效果。

- 与路径的距离 ：设置文本与路径的距离。

- 偏移 ：设置文字在路径上的位置，当数值为正值时文字越靠近路径的起始点；当数值为负值时文字越靠近路径的终点。

- 水平镜像文本 ：从左向右翻转文本字符。

- 垂直镜像文本 ：从上向下翻转文本字符。

- 贴齐标记 ：指定贴齐文本到路径的间距增量。

3. 创建区域文字

区域文字是指在封闭的图形内创建的文本，区域文本的外轮廓呈现出封闭图形的形态，所以通过创建区域文字可以在不规则的范围内排列大量文字。使用"区域文字"设计的作品如图2-115~图2-117所示。

图2-115

图2-116

图2-117

绘制一个封闭图形，并选择这个封闭的图形。选择"文本工具"，将光标移动至封闭路径内单击，此时光标变为形状，如图2-118所示。单击鼠标左键并输入文字，随着文字的输入可以发现文本出现在封闭路径内，如图2-119所示。

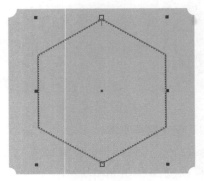

图2-118

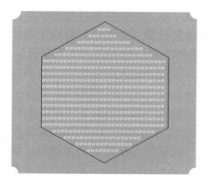

图2-119

2.4.3 编辑文本格式

　　在对文本工具的属性栏进行介绍后，用户了解到可在其中进行文本格式的设置。在实际运用中，为了能系统地对文字的字体、字号、文本的对齐方式以及文本效果等文本格式进行设置，还可在"字符格式化"和"段落格式化"泊坞窗中进行。

1. 调整文字间距

　　要调整文字的间距可在"文本属性"泊坞窗中进行。选择文本，选择"文本|文本属性"命令，打开"文本属性"泊坞窗，选择"段落"选项 ▰，对字符间距或段间距进行设置，如图2-120、图2-121 所示。

图2-120

图2-121

2. 使文本适合路径

　　为了使文本效果更加突出，可将文字沿特定的路径进行排列，从而得到特殊的排列效果。在编辑过程中，难免会遇到路径的长短和输入的文字不完全相符的情况，此时可对路径进行编辑，让路径排列的文字随之发生变化，如图 2-122、图 2-123 所示。

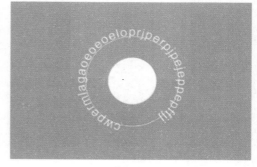

图2-122

图2-123

3. 首字下沉

文字的首字下沉效果是指对该段落的第一个文字进行放大，使其占用较多空间，起到突出显示的作用。

设置文字首字下沉的方法是，选择需要进行调整的段落文本，选择"文本"|"首字下沉"命令，弹出"首字下沉"对话框，在其中勾选"使用首字下沉"复选框，在"下沉行数"数值框中输入首字下沉的行数，如图 2-124 所示。单击"确定"按钮即可在当前段落文本中应用此设置，效果如图 2-125 所示。

图2-124

图2-125

需要注意的是，还可在"首字下沉"对话框中勾选"首字下沉使用悬挂式缩进"复选框，此时首字所在的该段文本将自动对齐下沉后的首字边缘，形成悬挂缩进的效果。

4. 将文本转换为曲线

将文本转换为曲线在一定程度上扩充了对文字的编辑操作，可以通过该操作将文本转换为曲线，从而改变文字的形态，制作出特殊的文字效果。

文本转换为曲线的方法较为简单，只需要选择文本后选择"对象"|"转换为曲线"命令或按 Ctrl+Q 组合键即可。或者是在文本上右击，在弹出的快捷菜单中选择"转换为曲线"命令，也可以将文本转换为曲线。

当完成上述转换操作后，单击形状工具 ，此时在文字上出现多个节点，单击并拖动节点或对节点进行添加和删除操作即可调整文字的形状。输入的文本和将文本转换为曲线后效果如图 2-126、图 2-127 所示。

NEWS

图2-126

NEWS

图2-127

2.5 矢量图形特效

CorelDRAW 不仅具有强大的矢量图形绘制功能，还可以为矢量图形添加阴影、轮廓图、调和、变形、立体化、透明度等特殊效果。其中部分特殊效果还可应用于位图对象。在CorelDRAW 中，主要讲解矢量图形的阴影工具、轮廓图工具及透明度工具。

2.5.1 阴影工具

选择工具箱中的"阴影工具" 可以为矢量图形、文本对象、位图对象和群组对象创建阴影效果。在属性栏中可以更改阴影的效果。使用阴影工具设计作品如图 2-128～图 2-130所示。

图2-128

图2-129

图2-131

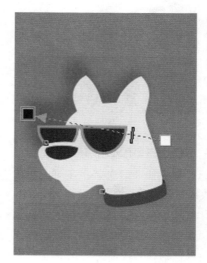

图2-132

2. 添加阴影

选择一个对象为其添加阴影，可以看见阴影控制杆，如图 2-131 所示。在控制杆上有两个节点，白色的为阴影的起始节点，图形外部的为阴影的终止节点。将光标移动到终止节点上，当光标变为 + 形状后进行拖曳，即可调整阴影位置和方向，效果如图 2-132 所示。

1. 调整阴影效果

在添加完阴影后，画面中会显示阴影控制杆，通过这个控制杆可以对阴影的位置、颜色等属性进行更改。同时还可以配合属性栏对阴影的其他属性进行调整。

3. 调整阴影透明度

控制杆上的滑块可用来调整阴影的透明度。向终止节点处拖曳滑块可以加深阴影，如图 2-133 所示。向起始节点处拖曳滑块可以减淡阴影，如图 2-134 所示。

图2-133

图2-134

4. 在属性栏中更改阴影效果

为对象添加完阴影后，还可以在属性栏中对其效果进行更改，如图2-135所示。

图2-135

该属性栏中各选项含义介绍如下。

- 阴影角度▦178➕：键入数值，设置阴影的方向。
- 阴影延展▦50➕：调整阴影边缘的延展长度。
- 阴影淡出▦0➕：调整阴影边缘的淡出

程度。

- 阴影的不透明度▦12➕：设置调整阴影的不透明度。
- 阴影羽化▦15➕：调整阴影边缘的锐化和柔化。
- 羽化方向▦：向阴影内部、外部或同时向内部和外部柔化阴影边缘。在CorelDRAW中提供了高斯式模糊▦、向内▦、中间▦、向外▦和平均▦5种羽化方法。
- 羽化边缘▦：设置边缘的羽化类型，在列表中可选择线性▦、方形的▦、反白方形▦、平面▦。
- 阴影颜色▦▾：在下拉列表框中选择一种颜色，可以直接改变阴影的颜色。
- 透明度操作▦▾：在下拉列表框中单击并选择合适的选项调整颜色混合效果。

2.5.2 轮廓图工具

"轮廓图工具"▦可以为路径、图形、文字等矢量对象创建轮廓向内或向外放射的多层次轮廓效果。使用轮廓图工具的设计作品如图2-136～图2-138所示。

图2-136

图2-137

用"按钮，如图2-141、图2-142所示。

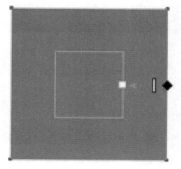

图2-139

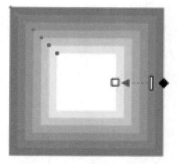

图2-140

图2-138

1. 创建轮廓图效果

创建轮廓图效果非常简单，选中一个矢量对象，使用"轮廓图工具"在对象上按住鼠标左键并拖曳即可。

选择一个矢量对象，选择"轮廓图工具"  在图形上按住鼠标左键并向对象中心或外部移动，释放鼠标即可创建由图形边缘向中心或由中心向边缘放射的轮廓图效果，如图2-139、图2-140所示。

还可以通过"轮廓图"泊坞窗创建轮廓图。选中图形对象，选择"窗口"|"泊坞窗"|"效果"|"轮廓图"命令，在打开的"轮廓图"泊坞窗中进行参数设置，然后单击"应

图2-141

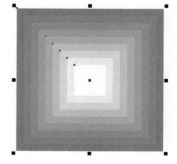

图2-142

2. 编辑轮廓图效果

选中添加了轮廓图效果的对象，在轮廓图工具属性栏中可以进行参数选项的设置，如图2-143所示。

图2-143

该属性栏中各选项含义介绍如下。

- 轮廓偏移方向 ▨ ▨ ▨：轮廓偏移方向包括3个方向，分别是到中心、内部轮廓和外部轮廓，如图2-144～图2-146所示。

图2-144

图2-145

图2-146

- 轮廓图步长 ⊿7：调整对象中轮廓图数量的多少。
- 轮廓图偏移 49.656 mr：调整对象中轮廓图的间距。
- 轮廓图角 ⊡：设置轮廓图的角类型，不同轮廓图角的效果如图2-147～图2-149所示。

图2-147

图2-148

图2-149

- 轮廓图颜色方向 ⊙：轮廓图颜色方向包括3个方向，分别是线性轮廓色、顺时针轮廓色和逆时针轮廓色。
- 轮廓图对象的颜色属性 ▤■▾◇□▾■：

轮廓图的颜色由两部分颜色的过渡构成：原始图形与新出现的轮廓图形。选中轮廓图对象后直接在调色板中更改颜色为原始图像的颜色。而此处通过轮廓图的属性栏则可以设置轮廓图形的颜色。

- 对象和颜色加速 ▣：单击该按钮在打开的"加速"面板中可以通过滑块的调整控制轮廓图的偏移距离和颜色，如图 2-150、图 2-151 所示。

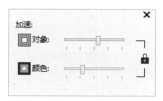

图 2-150

图 2-151

2.5.3 透明度工具

"透明度" ▩工具可以为矢量图形或位图对象设置半透明效果。

通过对上层图形透明度的设定，来显示下层图形。选中一个对象，单击工具箱中的"透明度工具" ▩，在属性栏中选择透明度的类型：均匀透明度 ▣、渐变透明度 ▣、向量图样透明度 ▩、位图图样透明度 ▩、双色图样透明度 ▣和底纹透明度 ▩6 种。

1. 均匀透明度

选择一个对象，在工具箱中单击"透明度工具" ▩按钮，在属性栏中单击"均匀透明度" ▣按钮，在透明度 ▩ 50 ＋中设置

数值，数值越大对象越透明，如图 2-152、图 2-153 所示。

图 2-152

图 2-153

- 透明度挑选器 ▦▦▦▦ ▼：选择一个预设透明度。
- 全部 ▩：设置整个对象的透明度。
- 填充 ▩：设置填充部分的透明度。
- 轮廓 ▩：只设置轮廓部分的透明度。

2. 渐变透明度

渐变透明度可以为对象赋予带有渐变感的透明度效果。选中对象，单击属性栏中的"渐变透明度"按钮 ▩。

在属性栏中包括 4 种渐变模式：线性渐变透明度 ▩、椭圆形渐变透明度 ▩、锥形渐变透明度 ▩和矩形渐变透明度 ▩，默认的渐变模式为线性渐变透明度，如图 2-154 所示。4 种渐变透明度效果如图 2-155 所示。

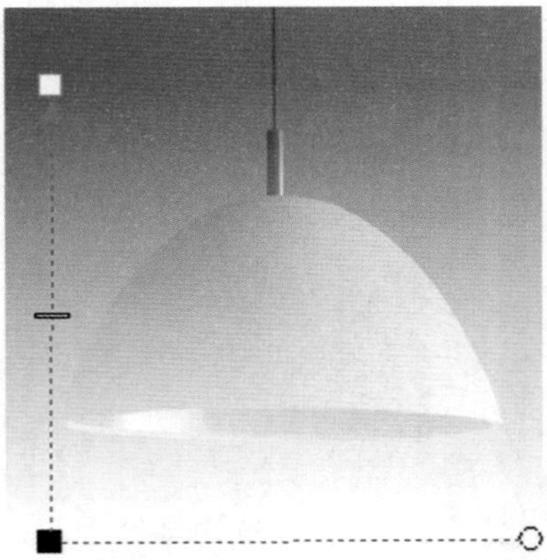

图2-154

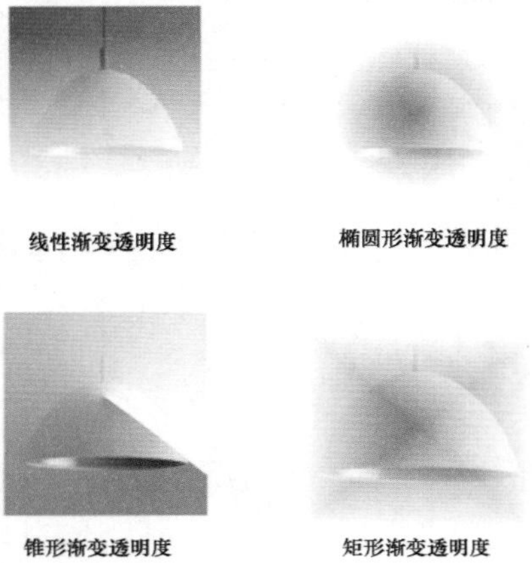
线性渐变透明度
椭圆形渐变透明度
锥形渐变透明度
矩形渐变透明度

图2-155

3. 向量图样透明度

向量图样透明度可以按照图样的黑白关系创建透明效果，图样中黑色的部分为透明，白色部分为不透明，灰色区域按照明度产生透明效果。

选中图形，选择工具箱中的“透明度工具”，单击属性栏中的“向量图样透明度”，继续选择“透明度挑选器”按钮，在下拉菜单中选择合适的图样，单击按钮即可为当前对象应用图样，此时对象表面按图样的黑白关系产生了透明效果。

通过调整控制杆来调整向量图样大小及位置，拖曳◇即可调整图案位置，拖曳○即可调整图样填充的角度，拖曳□可以调整图案的缩放比例，如图 2-156、图 2-157 所示。

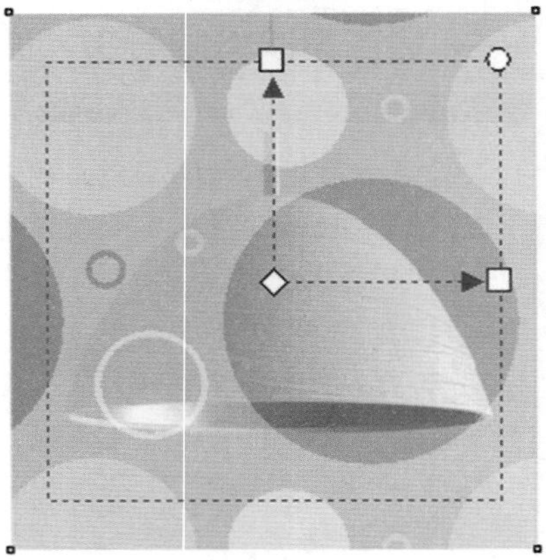

图2-156

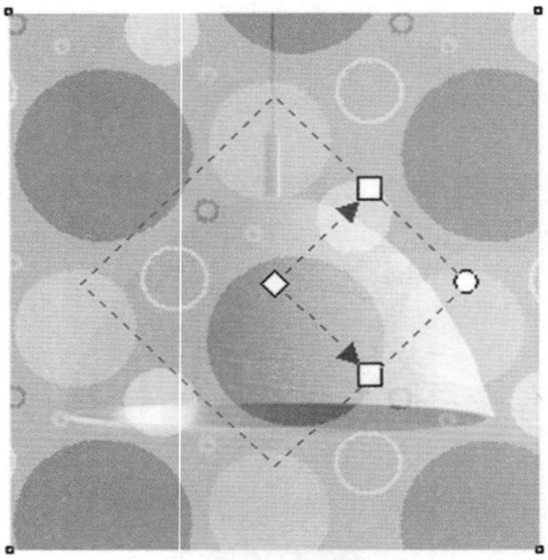

图2-157

- 前景透明度：设置图样中白色区域的透明度。
- 背景透明度：设置图样中黑色区域的透明度。
- 水平镜像平铺：将图样进行水平方向的对称镜像。
- 垂直镜像平铺：将图样进行垂直方向的对称镜像。

4. 位图图样透明度

位图图样透明度可以利用计算机中的位图图像参与透明度的制作。对象的透明度仍然由位图图像上的黑白关系来控制。通过调整控制杆来调整向量图样大小及位置，设置属性栏中的前景透明度数值，如图 2-158 所示。设置背景透明度数值，如图 2-159 所示。

图2-158

图2-159

5. 双色图样透明度

双色图样透明度是以所选图样的黑白关系控制对象透明度，黑色区域为透明，白色区域为不透明。选中对象，单击属性栏中的"双色图样透明度" 按钮，然后单击"透明度挑选器" ，如图 2-160 所示。在其中选择一个图样，此时对象会按照图样的黑白关系产生相应的透明效果。调整控制杆可以调整图样的大小和位置，如图 2-161 所示。

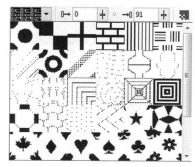

图2-160

图2-161

6. 底纹透明度

底纹透明度隐藏在菜单"双色图样透明度" 中，双击即可找到。单击该按钮然后在"底纹库"列表中选择合适的底纹，接着单击"透明度挑选器" 按钮，在打开的窗口中选择一种合适的底纹即可完成设置，如图 2-162、图 2-163 所示。

图2-162

图2-163

2.6 矢量图形与位图的转换

在 CorelDRAW 中不仅能够对矢量图形进行编辑，还能对位图进行一定程度的编辑。通过矢量图形与位图之间的转换，可以对所需图形进行编辑。

2.6.1 将矢量图形转换为位图

在 CorelDRAW 中有一些特定操作只能应用于位图对象，那么此时就需要将矢量图形转换为位图。选择一个矢量对象，执行"位图|转换为位图"命令，在弹出的"转换为位图"对话框中，设置分辨率和颜色模式，单击"确定"按钮，矢量图形转换为位图对象，如图 2-164～图 2-166 所示。

图2-164

图2-165

图2-166

- 分辨率：在下拉列表中可以选择一种合适的分辨率，分辨率越高转换为位图后的清晰度越高，文件所占内存也越多。
- 颜色模式：在"颜色模式"下拉列表框中选择转换的色彩模式。
- 光滑处理：勾选"光滑处理"复选框，可以防止在转换成位图后出现锯齿。
- 透明背景：勾选"透明背景"复选框，可以在转换成位图后保留原对象的通透性。

2.6.2 将位图描摹为矢量图

描摹可以将位图对象转换为矢量对象。在 CorelDRAW 中有多种描摹方式，且不同的描摹方式包含多种不同的效果。优秀的设计作品如图 2-167～图 2-169 所示。

图2-167

图2-168

图2-169

1. 快速描摹

快速描摹可以快速将位图转换为矢量对象。选择一个位图，选择"位图"|"快速描摹"命令，效果如图 2-170 所示。该命令没有参数可供设置，稍等片刻即可完成描摹操作。

转换为矢量图后，画面由大量的矢量图形组成，单击鼠标右键，在弹出的快捷菜单中选择"取消群组"命令，即可对每个矢量图形的节点与路径进行编辑，如图 2-171 所示。

图2-170

图2-171

2. 中心线描摹

选择"位图"|"中心描摹"|"技术图解"命令，在弹出的PowerTRACE 对话框中设置描摹类型、图像类型，单击"确定"按钮，如图 2-172、图 2-173 所示。

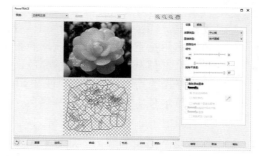

图2-172

图2-173

PowerTRACE 对话框中各选项含义介绍如下。

- 描摹类型：更改描摹方式可以从描摹类型列表框中选择一种方式。

- 图像类型：更改预设样式可以从图像类型列表框中选择一种预设样式。

- 细节：可控制描摹结果中保留的原始细节量。值越大，保留的细节越多，对象和颜色的数量也越多；值越小，某些细节被抛弃，对象数也越少。

- 平滑：平滑描摹结果中的曲线及控制节点数。值越大，节点越少，所产生的曲线与源位图中的线条就越不接近。值越小，节点越多，产生的描摹结果就越精确。

- 拐角平滑度：该滑块与平滑滑块一起使用可控制拐角的外观。值越小，则保留拐角外观；值越大，则平滑拐角。

- 删除原始图像：在描摹后保留源位图，需要在选项区域中，取消勾选"删除原始图像"复选框。

- 移除背景：在描摹结果中放弃或保留背景可以勾选或取消勾选"移除背景"复选框。想要指定移除的背景颜色，可以启用指定颜色选项，选择滴管工具，单击预览窗口中的一种颜色，指定要移除的其他背景颜色，按住 Shift 键，单击预览窗口中的一种颜色。指定的颜色将显示在滴管工具旁边。

- 移除整个图像的颜色：从整个图像中移除背景颜色（轮廓描摹），需要勾选移除整个图像的颜色复选框。

- 移除对象重叠：保留通过重叠对象隐藏的对象区域（轮廓描摹），需要取消勾选移除对象重叠复选框。

- 根据颜色分组对象：需要勾选根据颜色分组对象复选框。仅当取消勾选移除对象重叠复选框后才可使用该复选框。

3. 轮廓描摹

轮廓描摹可以将位图快速转换为不同效果的矢量图。

选择位图，选择"位图"|"轮廓描摹"命令，在子菜单中可以看到 6 个命令，如图 2-174 所示。

执行某一项命令，在弹出的对话框中可以对相应的参数进行设置，单击"确定"按钮。

6 个命令的效果如图 2-175 所示。

图2-174

| 线条图 | 徽标 | 详细徽标 |
| 剪贴画 | 低品质图像 | 高品质图像 |

图2-175

操作技法

想要为绘制的矢量图形添加特殊效果，可以选中矢量图形，选择"位图"|"转换为位图"命令，将矢量对象转换为位图对象之后，再进行这些效果操作。

第 ③ 章　设计制作名片

在数字化信息时代中，每个人的生活工作学习都离不开各种类型的信息，名片上有持有者的姓名、职业、工作单位、联络方式（电话、E-mail、MSN、QQ）等，能够快速介绍自己又能宣传企业。一个具有创新、印刷精美的名片，可以在人的脑海中留下深刻的印象，从而能在生活中抢占先机。

学习目标

➤ 掌握应用 Photoshop 制作金属拉丝纹样
➤ 熟练应用 CorelDRAW 透明度合并模式
➤ 熟练应用 CorelDRAW 填充渐变
➤ 熟练应用 CorelDRAW 效果调整图像

◎名片正面效果展示

◎名片背面效果展示

➡ 3.1　名片正面的制作

本章案例制作的是一张金属名片，利用滤镜和模糊制作金属拉丝纹样，渐变填充制作金属质材的图像，合并模式设置透明度，效果调整改变图片的颜色，建立图文框处理位图，添加文字设置其字体、字号、间距，完成名片的正面制作。

01 启动 Photoshop CC 软件，选择"文件"｜"新建"命令，在弹出的"新建文档"对话框中进行设置，单击"创建"按钮，新建文档，如图 3-1 所示。

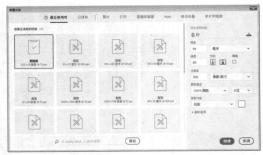

图 3-1

02 按 Ctrl+J 组合键复制背景图层，选择"滤镜"｜"杂色"｜"添加杂色"命令，在弹出的"添加杂色"对话框中进行设置，如图 3-2 所示。

图 3-2

03 选择"滤镜"｜"模糊"｜"动感模糊"命令，在弹出的"动感模糊"对话框中进行设置，制作金属拉丝纹样，如图 3-3、图 3-4 所示。

图 3-3

图 3-4

04 选择"渐变工具" ，单击属性栏上的 按钮，在弹出的"渐变编辑器"对话框中进行设置，如图 3-5 所示。

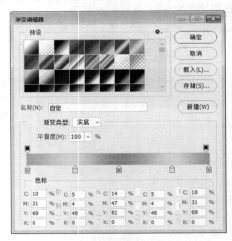

图 3-5

05 在属性栏中单击"对称渐变" 按钮，在画面拖拉手柄，填充渐变色，如图 3-6 所示。

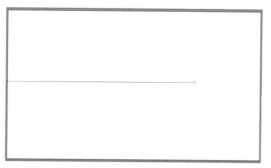

图 3-6

06 按 Ctrl+[组合键调整图层顺序，将渐变图层置于金属拉丝纹样的下方，如图 3-7 所示。

图 3-7

07 调整金属拉丝纹样图像的大小，在"图层"面板中设置不透明度为 65%，效果如图 3-8 所示。

图 3-8

08 将图形保存为 PSD 格式，启动 CorelDRAW X8 软件，选择"文件"|"新建"命令，在弹出的"创建新文档"对话框中设置参数，单击"确定"按钮，新建文档，如图 3-9 所示。

图 3-9

09 按 Ctrl+J 组合键，在弹出的"选项"对话框中设置页面尺寸，显示出血线，如图 3-10 所示。

图 3-10

10 选择"视图"|"标尺"命令，选择"视图"|"辅助线"命令，在页面中给图像添加辅助线，如图 3-11 所示。

图 3-11

11 将 Photoshop 制作的金属背景文件"名 .tif"拖入到当前正在编辑的文档中，调整大小及位置，如图 3-12 所示。

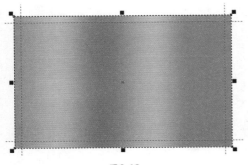

图3-12

12 使用"贝塞尔工具" 绘制图像，如图 3-13 所示。

13 按 F11 键，弹出"编辑填充"对话框，给图形填充渐变色，如图 3-14 所示。

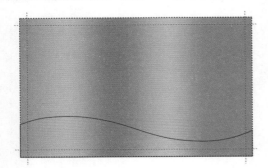

图3-13

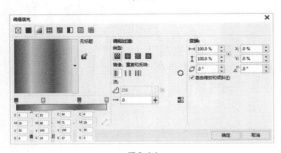

图3-14

14 在属性栏中设置轮廓粗细为无，如图 3-15 所示。

15 按 + 键原地复制图像，并使用"交互式填充工具" 填充图像，如图 3-16 所示。

16 按 Ctrl+PageDown 组合键，调整图像的图层顺序，将黑色图像置于渐变图形的下方，使用"形状工具" 调整图形，如图 3-17所示。

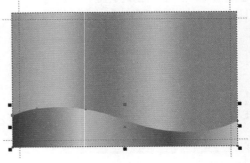

图3-15

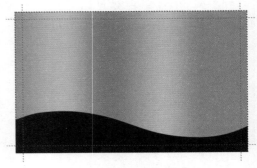

图3-16

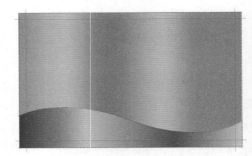

图3-17

17 使用"贝塞尔工具" 绘制图像，如图 3-18 所示。

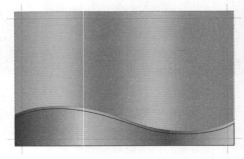

图3-18

18 将素材文件"花纹 .png"拖曳至当前正在编辑的文档中,调整图像大小及位置,效果如图 3-19 所示。

19 使用"矩形工具"绘制矩形,使用"交互式填充工具" 填充图像,如图 3-20 所示。

图3-19

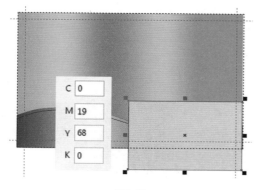

图3-20

20 选中上一步骤绘制的图形,按 Ctrl+PageDown 组合键,调整图像的图层顺序,并在属性栏中设置轮廓的宽度为无,如图 3-21 所示。

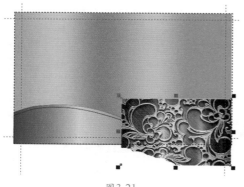

图3-21

21 选中花纹图像,选择"透明度工具" ,在属性栏中设置合并模式为"强光",选中黄色矩形和花纹图像,按 Ctrl+G 组合键组合对象,将图像群组,效果如图 3-22 所示。

图3-22

22 选中以上一步骤操作的图形,水平拖曳图像至合适的位置,并复制图像,如图 3-23 所示。

23 选中复制图像,在属性栏中单击"水平镜像" 按钮,将图像翻转,并调整位置,如图 3-24 所示。

图3-23

图3-24

24 选中花纹图像，按 Ctrl+PageDown 组合键，调整图像的图层顺序，如图 3-25 所示。

图 3-25

25 选中花纹图像，选择"滤镜"| Power Clip | "置于图文框内部"命令，并用鼠标单击页面中的曲线图像，如图 3-26 所示。

图 3-26

26 选中图文框，在属性栏中设置轮廓宽度为无，如图 3-27 所示。

图 3-27

27 选中花纹图像，选择"滤镜"| Power Clip | "置于图文框内部"命令，并用鼠标单击页面中的曲线图像，如图 3-28 所示。

图 3-28

28 按 F11 键弹出"编辑填充"对话框，给图形填充渐变色，并在属性栏中设置轮廓的宽度为无，如图 3-29、图 3-30 所示。

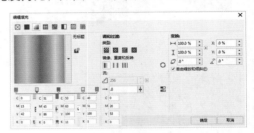

图 3-29

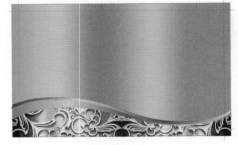

图 3-30

29 除背景图像外全选图像，按 Ctrl+G 组合键组合对象，将图像群组，如图 3-31 所示。

图 3-31

30　选中群组图像，使用"阴影工具"给图像添加阴影，在图形上方拖动手柄，如图 3-32 所示。

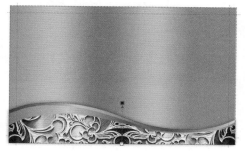
图 3-32

31　拖动阴影手柄调整阴影，如图 3-33 所示。

图 3-33

32　按 + 键复制上一步骤操作的图像，在属性栏中单击"垂直镜像" ⌐ 按钮，调整图像的位置，如图 3-34 所示。

图 3-34

33　选中上一步骤绘制的图像，使用"阴影工具" ⌐ 调整复制图像的阴影，如图 3-35 所示。

34　将素材文件"船 .png"拖曳至当前正

在编辑的文档中，并调整图像大小及位置，如图 3-36 所示。

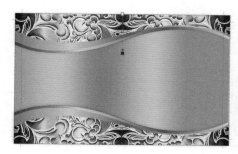
图 3-35

图 3-36

35　选择"效果"|"调整"|"色彩平衡"命令，在弹出的"颜色平衡"对话框中进行设置，调整位图的颜色，如图 3-37、图 3-38 所示。

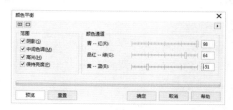
图 3-37

图 3-38

36 选择"效果"|"调整"|"调合曲线"命令，在弹出的"调合曲线"对话框中进行设置，调整位图的亮度，如图 3-39、图 3-40 所示。

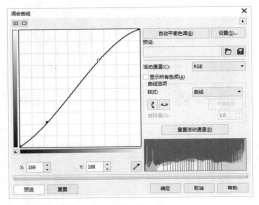

图 3-39

图 3-40

37 将素材文件"Logo.png"拖曳至当前正在编辑的文档中，并调整图像大小及位置，如图 3-41 所示。

图 3-41

38 使用"文本工具"[字]添加文字，并设置字体、字号，如图 3-42 所示。

图 3-42

39 继续使用"文本工具"[字]添加文字，并设置字体、字号，按 Ctrl+Shift+。组合键，调整字体间距，如图 3-43、图 3-44 所示。

图 3-43

图 3-44

40 继续添加文字，使用上述同样的方法调整字体、字号，如图 3-45、图 3-46 所示。

图 3-45

图3-46

至此，完成名片正面的制作。

3.2 名片背面的制作

名片背面的制作与正面的制作方法部分是相同的，制作背面的过程中需要正面的素材，可以通过"再制页面"命令，将正面的内容直接复制到背面，具体操作步骤如下。

01 选择"布局"|"再制页面"命令，在弹出的"再制页面"对话框中进行设置，删除多余的图像，如图 3-47、图 3-48 所示。

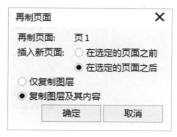

图3-47

图3-48

02 选中名片花纹和阴影，在属性栏中清除阴影，按 Ctrl+U 组合键取消群组，删除多余图形，如图 3-49 所示。

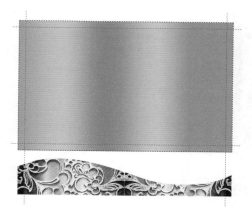

图3-49

03 选中图文框提取内容，删除多余图像，如图 3-50 所示。

图3-50

04 绘制图像，填充颜色，取消轮廓，如图 3-51 所示。按 + 键复制图像，按 F11 键打开"编辑填充"对话框，为图像设置渐变色，如图 3-52 所示。

图3-51

图3-52

05 使用"形状工具" 调整渐变图像，如图3-53所示。

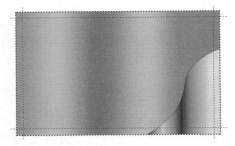

图3-53

06 绘制图形，选择"对象"|Power Clip|"创建空Power Clip图文框"命令，如图3-54所示。

图3-54

07 将花纹图像拖曳到Power Clip图文框中，如图3-55所示。

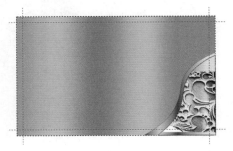

图3-55

08 选中Power Clip图文框，页面出现"编辑Power Clip" 按钮，单击按钮，编辑Power Clip内容，调整花纹图像大小及位置，并旋转其角度，如图3-36所示。

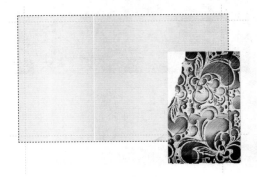

图3-56

09 选中图像，页面出现"停止编辑内容" 按钮，单击按钮完成Power Clip内容编辑，并取消Power Clip图文框轮廓，效果如图3-57、图3-58所示。

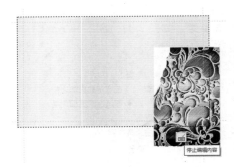

图3-57

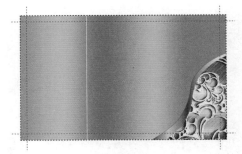

图3-58

10 绘制图像，按F11键打开"编辑填充"对话框，为图像填充渐变色，并取消轮廓，效果如图3-59、图3-60所示。

图3-59

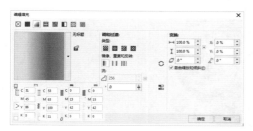

图3-60

11 选中图像，按 Ctrl+G 组合键组合对象，将图像群组，使用"阴影工具" 给图像添加阴影效果，如图 3-61 所示。

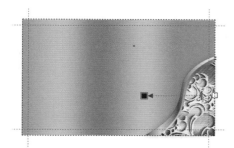

图3-61

12 复制上一步骤的图像，旋转图像并调整位置，如图 3-62 所示。

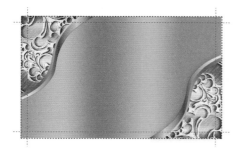

图3-62

13 使用"阴影工具" 调整阴影，如图 3-63 所示。

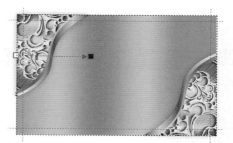

图3-63

14 将素材文件"Logo.png"拖曳至当前正在编辑的文档中，并调整图像大小及位置，如图 3-64 所示。

图3-64

15 使用"文本工具" 添加文字信息，设置字体、字号并调整间距，如图 3-65、图 3-66 所示。

图3-65

图3-66

至此，完成名片背面的制作。

强化训练

项目名称

酒楼宣传卡的设计

项目需求

受某酒楼委托，设计一张尺寸 90×54mm 的宣传小卡片，要求其拥有小清新的设计体验，能给人感觉的温暖，并留下深刻印象。

项目分析

选用红色和橘色作为主色调，使整个画面很温馨。名片上的多种美食，能勾起人的食欲。名片用简单的图案来装饰，增添了几分可爱风，整体画面清新自然，给人很亲切的感觉。

项目效果

项目效果如图 3-67 所示。

操作提示

01 使用"形状工具"绘制背景，并设置颜色。

图 3-67

02 使用"魔法棒工具"抠图，调整图像大小及位置。

03 使用"文字工具"输入文字信息，设置字体、字号。

第 4 章　设计制作艺术书签

书签一般贴在封皮的左上角，用于题写书名、册次、题写人姓名以及标记阅读进度。随着社会的发展，人们已不再满足物品的实用性，更追求其美观，一个被设计师赋予灵魂的书签，能够在很大程度上提高读者的阅读效率和阅读心情。

学习目标

➢ 熟练应用 Photoshop 魔法橡皮擦工具
➢ 熟练应用 Photoshop 多边形套索工具
➢ 熟练应用 CorelDRAW 网状填充工具
➢ 熟练应用 CorelDRAW 高斯式模糊

◎荷塘书签效果展示

◎古典风格书签效果展示

4.1 书签插画的制作

本案例将制作书签中的插画元素，即荷花和荷叶的设计。主要使用网状填充工具为图像添加网状填充网格，控制网格上的节点，给图像填充多种颜色，使制作出的图像颜色更加丰富，图像颜色之间的过渡更加自然。

01 启动 CorelDRAW X8 软件，选择"文件"|"新建"命令，在弹出的"创建新文档"对话框中设置参数，单击"确定"按钮，新建文档，如图 4-1 所示。

图 4-1

02 单击标准中的"选项" ⚙ 按钮，打开"选项"对话框，为页面添加出血线，如图 4-2 所示。

图 4-2

03 在"选项"对话框，设置辅助线及标尺，如图 4-3、图 4-4 所示。

图 4-3

图 4-4

04 给图像添加辅助线，如图 4-5 所示。

05 使用"贝塞尔工具"绘制图像，制作荷花的花瓣，如图 4-6 所示。

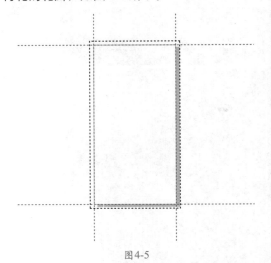

图 4-5

06 使用"网状填充工具" ⊞ 单击图像，并用鼠标双击图像轮廓，添加网格并填充网格中的行，如图 4-7、图 4-8 所示。

图4-6

图4-7

图4-8

07 继续使用"网状填充工具" 圕单击图像，并用鼠标双击图像轮廓，添加网格并填充网格中的列，如图4-9所示。

08 双击网格填充网格中行上的节点，如图 4-10 所示。

图4-9

图4-10

09 删除网格填充网格中多余的列，如图 4-11 所示。

图4-11

10 双击图像中的多余节点，删除节点，如图4-12所示。

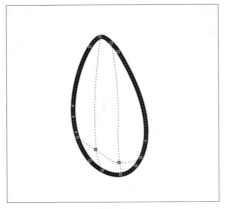

图4-12

[11] 选中网格填充网格中的一个节点，单击属性栏中"网状填充颜色" ✎ ▢▾，修改网格的颜色，如图4-13、图4-14所示。

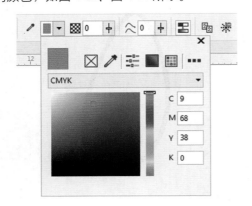

图4-13

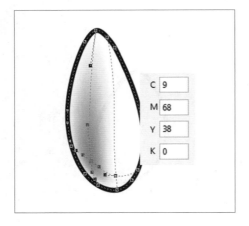

图4-14

[12] 继续修改网格的颜色，如图4-15、图4-16所示。

图4-15

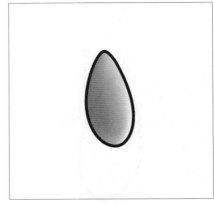

图4-16

[13] 选中花瓣，执行"窗口"|"泊坞窗"|"对象属性"命令，打开"对象属性"泊坞窗口，在泊坞窗口中进行设置，取消轮廓，如图4-17所示。

[14] 调整节点、位置及颜色，效果如图4-18所示。

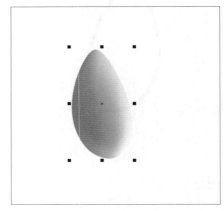

图4-17

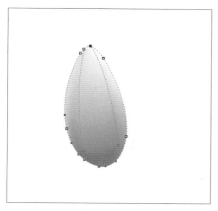

图 4-18

15 使用"贝塞尔工具" ✐ 绘制图像,作为花瓣的茎,如图 4-19 所示。

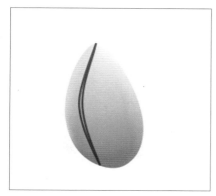

图 4-19

16 使用"交互式填充工具" ◇ 填充茎颜色,按 F12 键,在弹出的"轮廓笔"对话框中设置"宽度"为无,如图 4-20 所示。

图 4-20

17 使用上述方法,绘制花瓣的其他茎,如图 4-21 所示。

18 选中茎,选中"透明度工具" ▦ ,单击属性栏中的"均匀透明度" ▣ 按钮,并设置透明度为 30,效果如图 4-22 所示。

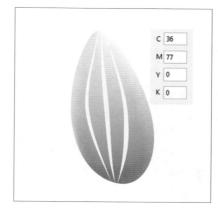

图 4-21

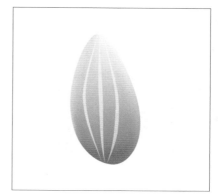

图 4-22

19 选中花瓣网状填充的图形,并按 + 键复制花边,如图 4-23 所示。

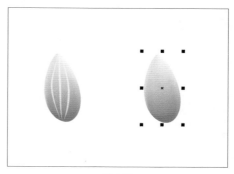

图 4-23

20 使用"网状填充工具" ▦ ,为网状填充网格添加行,制作第二种花瓣,如图 4-24 所示。

图4-24

21 调整节点，修改节点的颜色，如图4-25
所示。并复制花瓣的茎，置于第二种花边的上
方，效果如图4-26所示。

图4-25

图4-26

22 使用"形状工具" 调整茎的形状，
如图4-27所示。

23 按Ctrl+G组合键，组合对象，将第一
种花瓣及第二种花瓣分别群组，并旋转第一种
花瓣，如图4-28所示。

图4-27

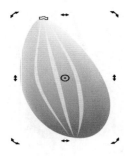

图4-28

24 按小键盘上的+键，复制第一种花
瓣，调整大小，旋转花瓣，并按Ctrl+PageDown
组合键调整图层顺序，如图4-29、图4-30
所示。

图4-29

像，如图 4-33 所示。

图4-30

25 使用上述方法，为荷花添加其他花瓣，如图 4-31 所示。

图4-33

28 选中上一步骤复制的图形，并调整复制图像的大小及位置，如图 4-34 所示。

图4-31

26 旋转绘制的第二种花瓣，并调整大小及位置，继续为荷花添加其他花瓣，如图 4-32 所示。

图4-34

29 选中花瓣，按 Ctrl+PageDown 组合键调整图层顺序，如图 4-35 所示。

图4-32

27 选中第二种花瓣，按 + 键复制花瓣，再按属性栏中的"水平镜像" 按钮，翻转图

图4-35

30 复制花瓣，调整大小及位置、图层顺序，如图 4-36 所示。

图4-36

31 使用"贝塞尔工具" 绘制图像，并按F11键，打开"编辑填充"对话框，给图形添加渐变色，制作荷花的花蕊，如图4-37、图4-38所示。

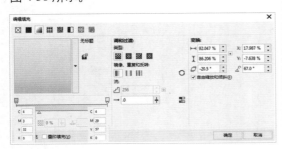

图4-37

图4-38

32 使用"椭圆形工具" 绘制图像，利用"交互式填充工具" ，选中椭圆形，在属性栏中单击"复制填充" 按钮，鼠标单击页面中需要复制的渐变色，并调整渐变色，如图4-39、图4-40所示。

图4-39

图4-40

33 选中花蕊，在属性栏中设置轮廓的"宽度"为无，按Ctrl+G组合键将图像群组，如图4-41所示。

34 调整花蕊的大小位置、旋转图像，并调整图层顺序，给荷花添加花蕊，如图4-42所示。

图4-41

图4-42

35 复制花蕊，单击属性栏中的"水平镜像" ⬛ 按钮，翻转图像，并调整大小及位置，旋转图像，如图 4-43 所示。

图4-43

36 继续复制画面上的花蕊，为荷花添加其他花蕊，调整大小及位置，并旋转图像，如图 4-44 所示。

图4-44

37 绘制椭圆形，使用"交互式填充工具" ⬛ 填充颜色，设置轮廓"宽度"为无，如图 4-45 所示。

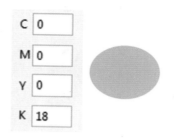

C	0
M	0
Y	0
K	18

图4-45

38 选中椭圆，选择"位图"|"转换为位图"命令，在弹出的"转换为位图"对话框中进行设置，将图像转换为位图，如图 4-46 所示。

图4-46

39 选中椭圆形，选择"位图"|"模糊"|"高斯式模糊"命令，在弹出的"高斯式模糊"对话框中进行设置，模糊椭圆形图像，如图 4-47 所示。

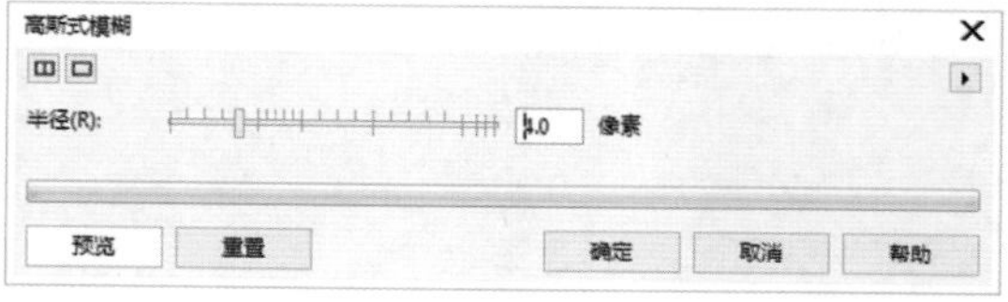

图4-47

40 使用"透明度工具" ⬛ 调整椭圆形的"透明度"为 60，效果如图 4-48 所示。

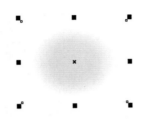

图4-48

41 选中上一步骤绘制的椭圆，调整大小及位置，给荷花添加阴影，如图 4-49 所示。

图4-49

42 复制椭圆，调整复制椭圆的大小及位置，给荷花添加其他阴影，如图 4-50 所示。

图4-50

43 继续复制椭圆，调整复制椭圆的大小及位置，并调整图层顺序，完成荷花阴影的添加，如图 4-51 所示。

图4-51

44 复制荷花，删除多余的图像，并调整花瓣的大小及位置，制作出第二种荷花，如图 4-52 所示。按 Ctrl+G 组合键，分别将第一种荷花和第二种荷花群组。

图4-52

45 使用"贝塞尔工具" 绘制图像，制作荷叶，如图 4-53 所示。

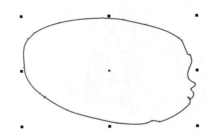

图4-53

46 使用"网状填充工具" 给图像添加网状填充网格，如图 4-54 所示。

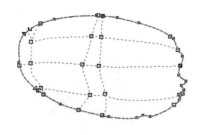

图4-54

47 选中荷叶上的调整节点，在属性栏中修改网状填充颜色，如图 4-55、图 4-56 所示。

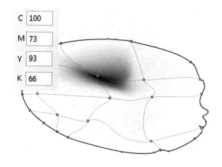

图4-55

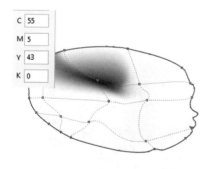

图4-56

48 选中荷叶上的调整节点，继续在属性栏中修改网状填充颜色，如图 4-57 所示。

49 复制上一步骤操作的图像，单击属性栏中"清除网状" ✳ 按钮，并填充颜色，如图 4-58 所示。

图4-57

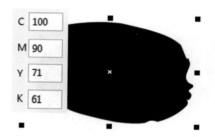

图4-58

50 选中上一步骤操作的图像，按 Ctrl+PageDown 组合键调整图层顺序，将其放置在绿色荷叶的下方，如图 4-59 所示。

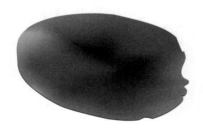

图4-59

51 使用"贝塞尔工具" ✐ 绘制图像，填充白色，设置轮廓的"宽度"为无，制作荷叶的茎，如图 4-60 所示。

图4-60

52 使用"透明度工具"▨，均匀透明，透明度为87，为荷叶茎添加透明效果，如图4-61所示。

图4-61

53 复制叶茎，使用"形状工具"调整复制的图像，如图4-62所示。

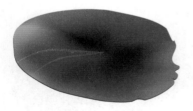

图4-62

54 使用上述方法，为荷叶继续添加其他叶茎，选中所有叶茎，将对象群组，如图4-63所示。

55 复制荷叶，删除多余图像，并调整荷叶的宽度，制作第二种荷叶，如图4-64所示。

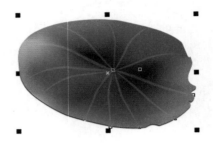

图4-63

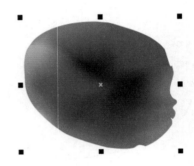

图4-64

56 调整节点位置，删除多余节点，修改部分填充色，效果如图4-65所示。

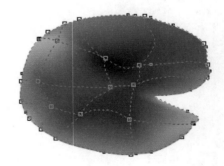

图4-65

57 复制上一步骤操作的图像，清除网状填充，填充颜色，并调整图层顺序，如图4-66所示。

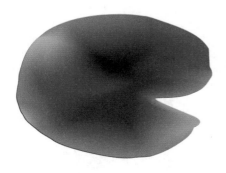

图4-66

58 复制第一种荷叶的叶茎，调整大小及位置，如图 4-67 所示。

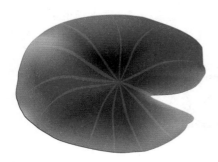

图4-67

59 按 Ctrl+U 组合键，取消对象群组，删除多余图像，调整图像位置及形状，并将第一种荷叶和第二种荷叶群组，如图 4-68 所示。

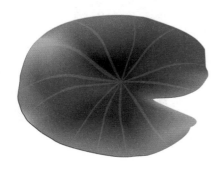

图4-68

至此，完成荷花荷叶插画的制作。

4.2 整体渲染效果的制作

在案例整体的制作过程中，首先利用渐变填充给图像背景填充渐变色，然后将上一节绘制的荷花、荷叶拖入到页面中，使用透明工具给荷花、荷叶添加水纹，增加画面的层次感，最后将绘制的图像转化为位图，添加高斯式模糊，制作发光的效果，为书签增添几分梦幻的色彩，具体操作步骤如下。

01 绘制矩形，按 F11 键，打开"编辑填充"对话框，给图形添加渐变色，制作背景，并设置轮廓的"宽度"为无，如图 4-69、图 4-70 所示。

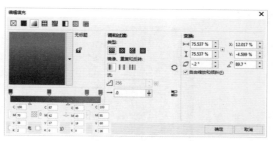

图4-69

图4-70

02 选中矩形，在属性栏中设置转角半径，将图像变成圆角矩形，如图 4-71 所示。

03 将第一种荷叶拖入画面，复制荷叶，并调整图像大小及位置，如图 4-72 所示。

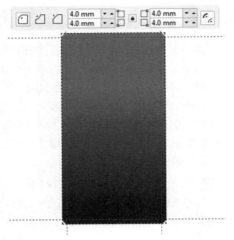

图4-71

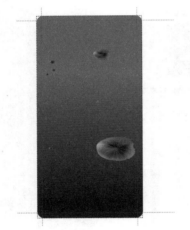

图4-72

04 将第二种荷叶拖入到画面中，镜像图像，并复制荷叶，调整图像大小及位置，如图4-73所示。

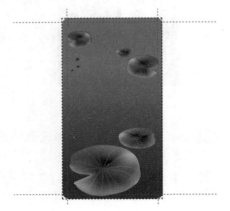

图4-73

05 将第一种荷花拖入到画面中，并调整图像大小及位置，如图4-74所示。

图4-74

06 绘制椭圆形，按F11键，打开"编辑填充"对话框，给图形添加渐变色，并设置轮廓的"宽度"为无，如图4-75、图4-76所示。

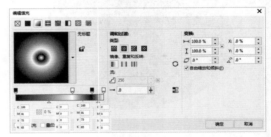

图4-75

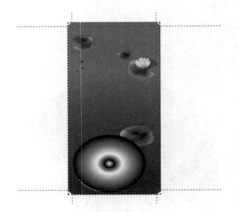

图4-76

07 使用"透明度工具" ▨ ，均匀透明度，设置透明度为87，如图4-77所示。

08 调整椭圆形的图层顺序，使其在所有荷叶图层的下方，如图4-78所示。

图4-77

图4-78

09 复制椭圆形，调整图像大小及位置，如图 4-79、图 4-80 所示。

图4-79

图4-80

10 继续复制椭圆形，调整图像透明度，如图 4-81 所示。

图4-81

11 继续复制椭圆形并更改透明度，调整大小及位置，将图像群组，如图 4-82 所示。

图4-82

12 选中上一步骤椭圆，并复制图像，调整图像大小及位置，如图 4-83 所示。

图4-83

13 用 Photoshop CC 打开素材文件"鱼.psd"，如图 4-84 所示。

图4-84

14 在"图层"面板中单击背景图层"指示图层部分锁定"按钮，使背景图层变成可编辑图层，如图 4-85、图 4-86 所示。

图4-85

图4-86

15 使用"魔法棒工具"，在属性栏中设置"容差"为 30，选取不需要的图像，并按 Delete 键删除图像，如图 4-87、图 4-88 所示。

图4-87

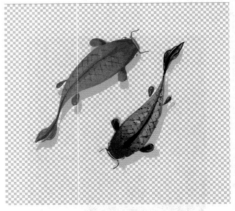

图4-88

16 选择"魔法橡皮擦工具" 🔹，在属性栏中设置容差及不透明度，单击画面中的阴影，降低鱼阴影的透明度，如图4-89、图4-90所示。

图4-89

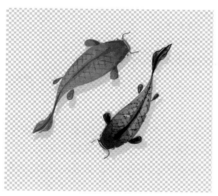

图4-90

17 使用"多边形套索工具" 🔾 选取右边黑色的鱼，并按Delete键删除图像，将图像另存为"鱼1.psd"格式文件，如图4-91、图4-92所示。

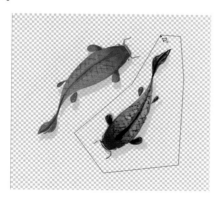

图4-91

图4-92

18 在"历史记录"面板中，退后几步骤，如图4-93所示，使用"多边形套索工具"选取左边红色的鱼，按Delete键删除图像，将图像另存为"鱼2.psd"格式文件，如图4-94所示。

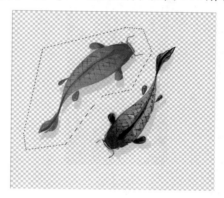

图4-93

图4-94

19 将文件"鱼1.psd""鱼2.psd"依次拖入到CorelDRAW文档中，调整图像的大小、位置，图层顺序，如图4-95所示。

20 复制"鱼1.psd"，调整图像的大小及位置，并旋转图像，如图 4-96 所示。

图 4-95

图 4-96

21 绘制图像制作荷叶叶柄，按 F11 键，打开"编辑填充"对话框，给叶柄填充渐变色，并设置轮廓的"宽度"为无，如图 4-97、图 4-98 所示。

22 复制上一步骤绘制图像，填充颜色，选择"位图"|"转换为位图"命令，在弹出的"转换为位图"对话框中进行设置，如图 4-99、图 4-100 所示。

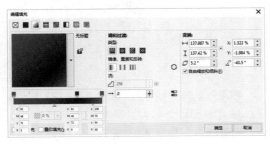

图 4-97

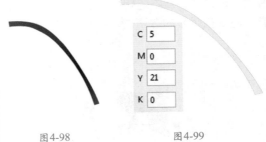

图 4-98   图 4-99

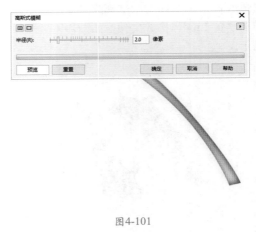

图 4-100

23 选择"位图"|"模糊"|"高斯式模糊"命令，在弹出的"高斯式模糊"对话框中进行设置，并调整图层顺序，如图 4-101、图 4-102 所示。

24 将叶柄群组，拖曳至画面中，调整图像大小及位置，如图 4-103 所示。

图 4-101

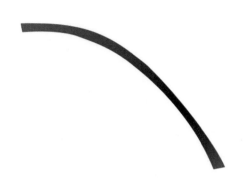

图4-102

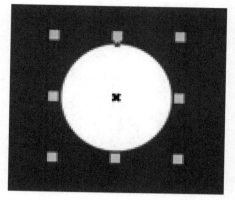

图4-105

图4-103

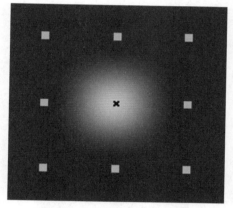

图4-106

25 复制叶柄，镜像图像，并调整图像大小及位置，如图 4-104 所示。

26 绘制椭圆，填充白色，使用上述方法，给椭圆添加模糊效果，制作出白色发光点，如图 4-105、图 4-106 所示。

27 复制白色反光点，调整大小及位置，为画面添加白光效果，如图 4-107 所示。

28 使用"椭圆工具" ○ ，按 Ctrl 键绘制正圆，填充白色，设置轮廓的"宽度"为 0.5mm，并修改轮廓色，如图 4-108 所示。

图4-104

图4-107

图4-108

29 使用"文本工具"字添加文字，修改文字的颜色，并设置其字体、字号，如图4-109、图4-110所示。

图4-109

图4-110

至此，完成书签的制作。

强化训练

项目名称

古典书签的设计

项目需求

受某图书社委托为其制作书签，尺寸为120×60mm，要求中国古典风格，简洁明了，画面丰富，让人眼前一亮。

项目分析

背景选用黄灰色，给人一种历史沧桑感，主体图像是鲜艳的梅花，与沧桑的背景形成了鲜明的对比，增加了图像视觉效果，同时添加黑色的古典字体及中国特有的印章装饰书签，使图像古典风格更加强烈，画面更加丰富。

项目效果

项目效果如图4-111所示。

图4-111

操作提示

01 使用这"矩形工具"绘制背景，并设置颜色。

02 复制图像，并利用蒙版工具处理主体图像。

03 使用"文字工具"输入文字信息，设置字体、字号。

第 ⑤ 章　设计制作户外广告

　　户外广告因其经济效益大、传播范围广而被广泛应用。只有标新立异、独具匠心的广告才能吸引人的注意，触发强烈的兴趣，才能在受众的脑海中留下深刻印象，长久地被记忆。

学习目标

- ➢ 熟练应用 Photoshop 添加图层样式
- ➢ 熟练应用 Photoshop 羽化笔
- ➢ 熟练应用 CorelDRAW 制作立体字
- ➢ 掌握应用 Photoshop 缩览图创建选区

◎超市户外广告效果展示

◎房地产户外广告效果展示

5.1 户外广告天空背景的制作

制作天空背景过程主要应用填充颜色及渐变色来制作出底色，并调整图像的色调，让背景更加自然，美观。

01 启动 Photoshop CC 软件，选择"文件"|"新建"命令，在弹出的"新建文档"对话框中进行设置，单击"创建"按钮，新建文档，如图 5-1 所示。

图 5-1

02 在"图层"中新建图层，并按 Alt+Delete 组合键填充图层颜色，如图 5-2 所示。

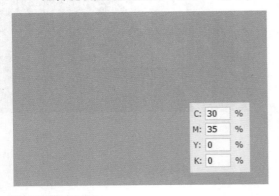

C:	30	%
M:	35	%
Y:	0	%
K:	0	%

图 5-2

03 将素材文件"彩霞 .png"拖曳至当前正在编辑的文档中，并调整图像大小及位置，如图 5-3 所示。

04 选择"图像"|"调整"|"曲线"命令，在弹出的"曲线"对话框中调整曲线高度和彩霞的色调，如图 5-4 所示。

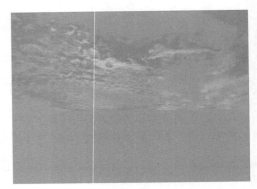

图 5-3

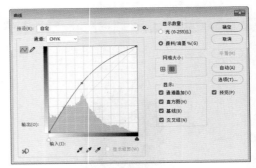

图 5-4

05 在"图层"面板底部单击"添加图层蒙版" ▢ 按钮，创建蒙版，如图 5-5 所示。

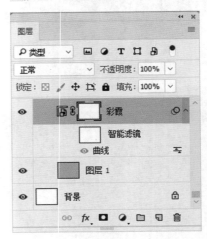

图 5-5

06 使用"画笔工具" ✐ ，在属性栏中设置画笔硬度，并设置前景色为黑色，在图中绘制，隐藏不需要的图像，如图 5-6 所示。

图 5-6

07 将素材文件"背景云 .png"拖曳至当前正在编辑的文档中，并调整图像大小及位置，如图 5-7 所示。

图 5-7

08 按 Ctrl+J 组合键复制图像，按 Ctrl+T 组合键，单击鼠标右键，从弹出的快捷菜单中选择"水平翻转"命令，使其水平翻转，如图 5-8 所示。

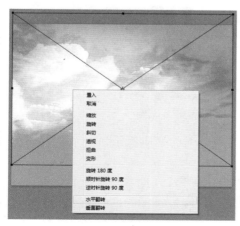

图 5-8

09 选中上一步骤操作的图像，并移动到合适位置，如图 5-9 所示。

图 5-9

10 继续按 Ctrl+J 组合键复制图像"背景云"并移动至合适位置，如图 5-10 所示。

图 5-10

11 使用同样方法复制"背景云 .png"并移动至合适位置，效果如图 5-11、图 5-12 所示。

12 在"图层"面板中单击下方的"创建新的填充或调整图层" ◑.按钮，在展开的菜单中选择"色彩平衡"选项，双击图层缩览图，打开"属性"面板，设置参数，如图 5-13 所示。

图 5-11

图 5-12

图 5-13

13 使用"矩形工具"□绘制矩形，调整大小及位置，如图 5-14 所示。

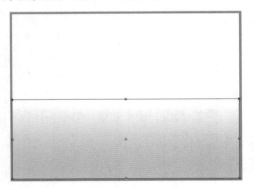

图 5-14

14 单击"图层"面板底部的"添加图层样式" fx 按钮，在弹出的快捷菜单中选择"渐变叠加"选项，如图 5-15 所示。

15 在弹出的"图层样式"对话框中，设置渐变叠加的角度及样式，如图 5-16 所示。

图 5-15

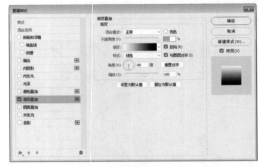

图 5-16

16 双击"图层样式"对话框中的按钮。在弹出的"渐变编辑器"中设置渐变，在预设中选择"背景色到透明渐变"，双击色标，调整色标颜色，如图 5-17、图 5-18 所示。

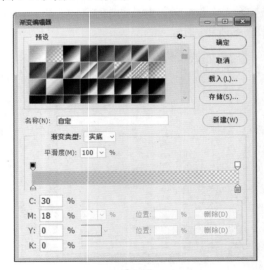

图 5-17

图5-18

至此，完成天空背景的制作。

▶ 5.2 户外广告整体效果的制作

使用 CorelDRAW 制作立体字，然后导出图像拖入 Photoshop 中渲染，利用缩览图快速建立选区，给字体添加石质纹理、花木等素材，使图像变得更加丰富，最后添加文字，完成户外广告的制作。

01 将素材文件"水纹 .png"拖曳至当前正在编辑的文档中，并调整图像大小及位置，如图 5-19 所示。

图5-19

02 选择"图像"|"调整"|"色彩平衡"命令，在弹出的"色彩平衡"对话框中设置参数，调整色调，单击"确定"按钮，按 Alt+Shift 组合键，将"水纹 .png"复制并水平移动其至右侧，如图 5-20、图 5-21 所示。

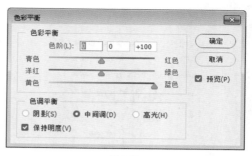

图5-20

图5-21

03 将素材文件"岛屿 .png"拖曳至当前正在编辑的文档中，并调整图像大小及位置，如图 5-22 所示。

图5-22

04 选择"岛屿"图层，在"图层"面板底部单击"添加图层蒙版"按钮创建蒙版，选中蒙版，使用"画笔工具"，绘制或隐藏不需要的图像，如图 5-23、图 5-24 所示。

05 将素材文件"小岛 .png"拖曳至当前正在编辑的文档中，并调整图像大小及位置，如图 5-25 所示。

图 5-23

图 5-24

图 5-25

06 按 Ctrl+[组合键，将其移动至"岛屿"图层的下方，如图 5-26 所示。

07 启 动 CorelDRAW X8，选 择"文件" | "新建"命令，在弹出的"创建新文档"对话框中设置参数，单击"确定"按钮，新建文档，如图 5-27 所示。

图 5-26

图 5-27

08 使用"文本工具"输入文字，选中文字，在属性栏中设置字体、字号，如图 5-28 所示。

年中大促
零利风暴
强势来袭

图 5-28

09 选中文字，调整文字的高度，如图 5-29 所示。

10 使用"交互式填充工具"填充颜色，如图 5-30 所示。

图 5-32

13 选中文字，在属性栏中选择立体化类型，如图 5-33 所示。设置立体化颜色，如图 5-34 所示。

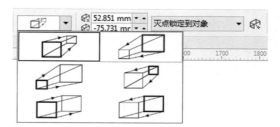

图 5-33

图 5-29

图 5-34

14 选中上一步骤操作的图像，利用"立体化工具" 继续调整文字的立体效果，如图 5-35 所示。

图 5-30

11 使用"套封工具" 调整文字，调整锚点及锚点手柄，使文字弯曲，如图 5-31 所示。

12 选中文字，利用"立体化工具" 给文字添加立体效果，如图 5-32 所示。

15 将 CorelDRAW 文档导出为 PDF 格式，使用 Photoshop CC 2017 打开 PDF 文档，如图 5-36 所示。

图 5-31

图5-35

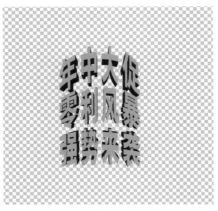

图5-36

16 使用"移动工具" ⊞ ，将选取的图像拖曳至"户外广告.psd"文档中，并调整大小及位置，如图5-37所示。

图5-37

17 使用"魔法棒工具"选取图像，在属性栏中设置"容差"为30，选取文字橘色部分的图像，如图5-38所示。

图5-38

18 按Ctrl+J组合键，复制选取图像，如图5-39所示。

图5-39

19 将素材文件"纹理.jpg"拖曳至当前正在编辑的文档中，并调整图像大小及位置，如图5-40所示。

图5-40

20 按Ctrl键，单击"图层2"图层缩览图，创建选区，如图5-41所示。

21 选中"纹理"图层，按Ctrl+J组合键，复制选区图形，如图5-42所示。

图5-41

图5-44

24 选中"纹理"图层，按 Delete 键删除图层，如图 5-45 所示。

图5-45

图5-42

22 按 Ctrl 键，单击"图层 1"图层缩览图，创建选区，如图 5-43 所示。

25 选中"图层 4"图层，选择"图像"|"调整"|"亮度/对比度"命令，在弹出的"亮度/对比度"对话框中设置参数，如图 5-46 所示，效果如图 5-47 所示。

亮度/对比度		
亮度：	-126	确定
对比度：	-50	取消
		自动(A)
☐ 使用旧版(L)		☑ 预览(P)

图5-46

图5-43

23 继续选中"纹理"图层，按 Ctrl+J 组合键，复制选区图形，调整图层顺序，将复制的图层置于"图层 2"图层下方，如图 5-44 所示。

26 使用"钢笔工具"绘制图像，如图 5-48 所示。

图5-47

图5-50

图5-48

27 选中上一步骤绘制的图像,单击"添加图层蒙版" 按钮创建蒙版,选中蒙版,使用"画笔工具" ✎ ,隐藏不需要的图像,如图5-49所示。

29 选中上一步骤操作的图像,按Ctrl+[组合键,调整图层顺序,将图层置于立体字下方,如图5-51所示。

图5-51

30 将素材文件"草坪1.png"拖曳至当前正在编辑的文档中,并调整图像大小位置及图层顺序,如图5-52所示。

图5-49

28 打开"属性"面板,选中蒙版,设置羽化值,如图5-50所示。

图5-52

31 为"草坪1"图层添加图层蒙版,使用"画笔工具" ✎ 隐藏不需要的部分,如图5-53所示。

图 5-53

32 将素材文件"树林 1.png"拖曳至当前正在编辑的文档中，并调整图像大小位置及图层顺序，如图 5-54 所示。

图 5-54

33 使用同样方法添加图层蒙版，并使用"画笔工具" ✐ ，隐藏其右侧不需要的部分，选中蒙版并在"属性"面板中设置蒙版参数，如图 5-55、图 5-56 所示。

图 5-55

图 5-56

34 新建图层，选择"画笔工具" ✐ ，并设置其硬度，设置填充色为灰绿色，如图 5-57 所示。

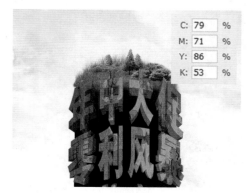

图 5-57

35 在"图层"面板上设置不透明度，绘制草坪与褐色背景的接合处，使其更加自然，如图 5-58 所示。

图 5-58

36 将素材文件"树林 2.png"拖曳至当前正在编辑的文档中，并调整图像大小位置及图层顺序，如图 5-59 所示。

图5-59

37 添加图层蒙版，使用"画笔工具"，隐藏不需要的图像，如图 5-60 所示。

图5-60

38 选中上一步骤创建的蒙版，在"属性"面板中设置，使树木与背景更加协调，如图 5-61、图 5-62 所示。

图5-61

图5-62

39 将素材文件"树丛 .png"拖曳至当前正在编辑的文档中，并调整图像大小及位置，如图 5-63 所示。

图5-63

40 选中"树丛"图层，创建蒙版，选择"画笔工具"绘制图像，在属性栏中设置画笔硬度，使画笔具有羽化效果，隐藏不需要的部分，效果如图 5-64 所示。

图5-64

41 将素材文件"草丛 .png"拖曳至当前正在编辑的文档中，并调整图像的大小及位置。旋转图像，如图 5-65、图 5-66 所示。

图 5-65

图 5-68

44 选中上一步骤拖入图像的图层，创建蒙版，并选中蒙版，使用"画笔工具" ，在属性栏中设置其硬度，在画面中绘制图像，隐藏不需要的图像，如图 5-69 所示。

图 5-66

42 选中"草丛"图层，创建蒙版，选中蒙版，使用羽化笔隐藏不需要的图像，如图 5-67 所示。

图 5-69

45 继续将素材文件"杂草 1.png"拖曳至当前正在编辑的文档中，并调整图像大小及位置，旋转图像，如图 5-70 所示。

图 5-67

43 继续将素材文件"树林 2.png"拖曳至当前正在编辑的文档中，并调整图像大小及位置，旋转图像，如图 5-68 所示。

图 5-70

46 选中"杂草 1"图层,创建蒙版,使用"画笔工具"  ,在属性栏中设置其硬度,在画面中绘制图像,隐藏不需要的图像,并调整图层顺序,如图 5-71、图 5-72 所示。

图 5-71

图 5-72

47 将素材文件"杂草 2.png"拖曳至当前正在编辑的文档中,并调整图像大小及位置,旋转图像,如图 5-73 所示。

48 选中"杂草 2"图层,创建蒙版,使用"画笔工具"  ,在属性栏中设置其硬度,在画面中绘制图像,隐藏不需要的图像,调整图层顺序,使其在"杂草 1"的下方,如图 5-74 所示。

49 将素材文件"草坪 3.png"拖曳至当前正在编辑的文档中,并调整图像大小及位置,在"图层"面板中设置"不透明度"为 85%,

效果如图 5-75 所示。

图 5-73

图 5-74

图 5-75

50 选中"草坪 3"图层,创建蒙版,使用"画笔工具"  ,在属性栏中设置其硬度,在画面中绘制图像,合成石壁上的草坪效果,如图 5-76 所示。

图 5-76

51 将素材文件"墙体.png"拖曳至当前正在编辑的文档中，调整图像大小及位置，并按 Ctrl+J 组合键，复制图层，调整复制图像大小及位置，如图 5-77 所示。

图 5-77

52 按 Ctrl+E 组合键，将图层合并，创建蒙版，使用"画笔工具" ，在属性栏中设置其硬度，在画面中绘制图像，隐藏不需要的图像，如图 5-78 所示。

53 在"图层"面板中调整"墙体"图层的顺序，使其在"图层 3"图层的上方，选择"图层"|"创建剪贴蒙版"命令，如图 5-79、图 5-80 所示。

图 5-78

图 5-79

图 5-80

54 将素材文件"树 1.png"拖曳至当前正在编辑的文档中，调整图像大小及位置，复制图像，并调整复制图像的大小及位置，如

图 5-81 所示。

图5-81

[55] 创建蒙版，使用"画笔工具" ✏️，在属性栏中设置其硬度，在画面中绘制图像，隐藏不需要的图像，如图 5-82 所示。

图5-82

[56] 将素材文件"树 2.png""树 4.png"拖曳至当前正在编辑的文档中，调整复制图像的大小及位置，并创建蒙版，使用"画笔工具"✏️，在属性栏中设置其硬度，在画面中绘制图像，隐藏不需要的图像，如图 5-83、图 5-84 所示。

[57] 将素材文件"树林 1.png""草丛 .png""树 1.png""树 2.png""树 3.png""树 4.png"依次拖曳至当前正在编辑的文档中，调整图像大小及位置，如图 5-85 所示。

图 5-83

图5-84

图5-85

[58] 将素材文件"长颈鹿 .png"拖曳至当前正在编辑的文档中，调整图像大小及位置，如图 5-86 所示。

图 5-86

59 新建图层，使用"画笔工具" ，在属性栏中设置其硬度，在画面中绘制长颈鹿阴影，并调整图层透明度，如图 5-87 所示。

图 5-87

60 将素材文件"大象 .png"拖曳至当前正在编辑的文档中，调整图像大小及位置，使用上述方法为大象绘制阴影，如图 5-88 所示。

图 5-88

61 将素材文件"石头 .png"拖曳至当前正在编辑的文档中，调整图像大小及位置，并将该图层放置在立体字图层的下方，如图 5-89 所示。

图 5-89

62 创建蒙版，使用"画笔工具" ，在属性栏中设置其硬度，在画面中绘制图像，隐藏不需要的图像，并调整其位置，如图 5-90 所示。

图 5-90

63 选中"图层"面板中除背景外的所有图层，按 Ctrl+G 组合键创建组，如图 5-91 所示。

64 单击"图层"面板底部"创建新的填充或调整图层" 按钮，在弹出的下拉菜单中选择"色阶"选项，创建色阶图层，在"属性"面板中设置，调整画面色调，如图 5-92 所示。

图5-91

图5-92

65 使用"画笔工具" ✐ ，在属性栏中设置其硬度，在画面中绘制图像，并设置图层"不透明度"为27%，如图5-93、图5-94所示。

66 将素材文件"云1.png"拖曳至当前正在编辑的文档中，调整图像大小及位置，旋转其角度，如图5-95所示。

图5-93

图5-94

图5-95

67 继续置入其他位置的白云，注意使用蒙版调整云之间的自然过渡，如图5-96所示。

图5-96

68 使用"钢笔工具"绘制图形，如图5-97所示。

69 复制图像并修改图像颜色，调整图像的位置锚点，如图5-98所示。

图 5-97

图 5-100

图 5-98

图 5-101

70 选中上一步骤绘制绿色图像，在"图层"面板底部单击"添加图层" fx 按钮，在弹出的菜单中选择"内发光"选项，在弹出的"图层样式"对话框中设置内发光的参数，如图 5-99、图 5-100 所示。

71 将素材文件"Logo.tif"拖曳至当前正在编辑的文档中，调整图像大小及位置，如图 5-101 所示。

72 使用"椭圆工具"，按 Shift 键绘制正圆，如图 5-102 所示。

图 5-102

73 使用"横排文字工具"添加文字信息，完成案例的制作，如图 5-103、图 5-104 所示。

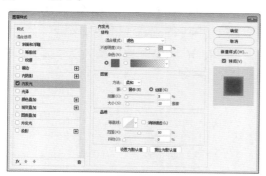

图 5-99

图5-103

图5-104

至此，完成户外广告的制作。

强化训练

项目名称

房地产户外广告

项目需求

受某房地产公司委托，为其设计户外广

告，要求广告内容清晰，以出售店铺为目的。画面高贵华丽，引人注意，以达到销售效果。

项目分析

户外广告的背景是高贵的紫色，画面上的金币和金色奖杯象征着财富。让人感觉广告上的店铺是一个聚集财富的地方，在这个地方可以实现自己的梦想。

项目效果

项目效果如图 5-105 所示。

如图5-105

操作提示

01 使用"钢笔工具"绘制背景纹样。

02 使用 Photoshop 抠图处理素材。

03 使用"文字工具"输入文字信息，设置字体、字号。

第 **6** 章　设计制作新型产品宣传单

　　宣传单是对事先选定的目标对象直接实施广告，广告接受者容易产生其他的传统媒体无法比拟的优越感，使其更自主关注产品，所以又称为DM直投广告、DM单页等。宣传单具有较长的广告持续时间、较强的灵活性、良好的广告效应、良好的可测定性和隐蔽性等诸多优点，在广告行业中应用较为普遍。

学习目标

➢ 熟 练 应 用 Photoshop
　通道抠图
➢ 熟 练 应 用 Photoshop
　替换颜色
➢ 掌握使用 CorelDRAW
　创建 PowerClip 图文框
➢ 熟 练 应 用 CorelDRAW
　图纸工具

◎宣传页正面效果

◎宣传页反面效果

6.1 宣传单正面的制作

本案例制作的是防水鞋套宣传页，首先需营造阴天氛围，添加木纹作为展示台，突出鞋套的质感。然后添加文字和规则装饰图形增强产品的档次，添加坚果图像寓意鞋套的耐磨性好。最后制作宣传页的背面，添加网格背景并对产品进行进一步的讲解，优化产品的卖点。

01 启动 Photoshop CC 软件，打开素材文件"01.jpg"，如图 6-1 所示。在"通道"面板中将"红"通道拖至面板底部的"创建新通道"按钮 复制通道，如图 6-2 所示。

图 6-1

图 6-2

02 选择"图像"|"调整"|"色阶"命令，在弹出的"色阶"对话框中进行设置，如图 6-3 所示。单击"确定"按钮，调整通道图像的颜色，如图 6-4 所示。

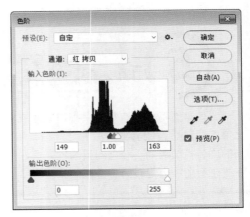

图 6-3

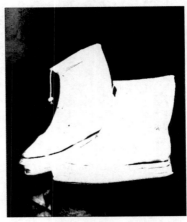

图 6-4

03 使用"画笔工具" ，在属性栏中调整画笔大小及样式，如图 6-5 所示。单击工具箱中的按钮 ，恢复默认的前景色和背景色，在鞋图像上进行绘制，擦除黑色图像，如图 6-6 所示。

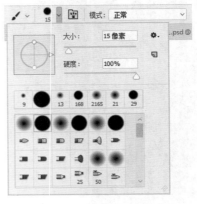

图 6-5

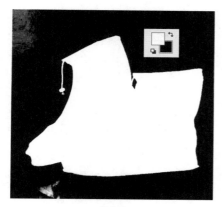

图6-6

04 单击工具箱中的按钮 ⇆，切换前景色和背景色，继续使用"画笔工具" ✐ 在黑色背景上进行绘制，擦除白色图像，如图6-7所示。单击"通道"面板底部的"将通道作为选区载入"按钮 ○，将通道中的白色图像载入选区，如图6-8所示。

图6-7

图6-8

05 在"通道"面板中单击RGB通道，如图6-9所示。按Ctrl键单击"红拷贝"通道，载入选区，如图6-10所示。

图6-9

图6-10

06 返回到"图层"面板，按Ctrl+J组合键，复制选区中的图像至新的图层，如图6-11所示。单击"路径"面板底部的"创建新路径"按钮 ▣，新建"路径1"，如图6-12所示。

图6-11

图6-12

07 选择"钢笔工具" ⚂.沿鞋底绘制闭合路径，如图 6-13 所示。

图6-13

08 单击"路径"面板底部的"将路径作为选区载入"按钮 ⬚，创建选区，如图 6-14 所示。

图6-14

09 继续选中"背景"图层并按 Ctrl+J 组合键复制图层，如图 6-15、图 6-16 所示。

图6-15

图6-16

10 选中"图层 1"和"图层 2"图层，如图 6-17 所示。按 Ctrl+Alt+E 组合键复制并合并图层，如图 6-18 所示。

图6-17

图6-18

11 选择"图像"|"调整"|"替换颜色"命令，在鞋尖上吸取颜色，如图 6-19 所示。在弹出的"替换颜色"对话框中单击"添加到取样"按钮 ✎，吸取鞋帮部位的颜色，如图 6-20 所示。

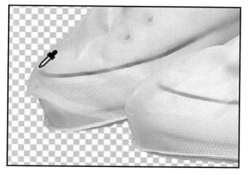

图 6-19

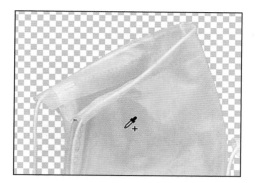

图 6-20

12 继续在"替换颜色"对话框中进行设置，如图 6-21 所示。调整之后，图像的颜色效果如图 6-22 所示。

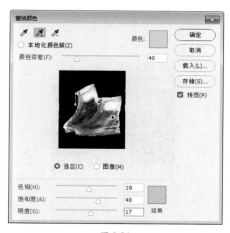

图 6-21

图 6-22

13 删除"图层 1（合并）"图层以外的图层，使用"裁剪工具" 裁剪图像，如图 6-23 所示。并将文件以 PSD 格式保存在桌面上，如图 6-24 所示。

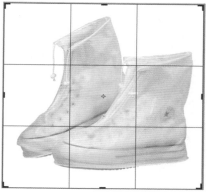

图 6-23

图 6-24

14 启动 CorelDRAW X8 软件，选择"文件"|"新建"命令，在弹出的"创建新文档"对话框中设置参数，创建空白文档，如图 6-25 所示。

图6-25

15 新建文档后双击页面灰色部分，弹出"选项"对话框，设置页面尺寸参数，创建出血线，如图6-26所示。

图6-26

16 使用"矩形工具"绘制矩形，在属性栏中设置矩形的大小，如图6-27所示。

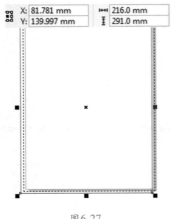

图6-27

17 选择"窗口"|"泊坞窗"|"对齐与分布"命令，弹出"对齐与分布"窗口，单击"页面中心"按钮，再单击"水平居中对齐"按钮和"顶端对齐"按钮与页面中心对齐，如图6-28所示。

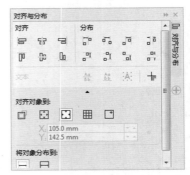

图6-28

18 将素材文件"公路.jpg"导入当前正在编辑的文档中，如图6-29所示。

图6-29

19 选中导入的图像，在属性栏单击"锁定比例"按钮，再设置图像大小数值，如图6-30所示。

图6-30

20 选中导入的图像，按 Shift 键加选之前绘制的矩形，在"对齐与分布"窗口，单击"活动对象"按钮 ⬚，再单击"水平居中对齐"按钮 ⬚ 和"顶端对齐"按钮 ⬚ 对齐图像，如图 6-31 所示。

图 6-31

21 继续将素材图像文件"木纹 .jpg"导入当前正在编辑的文档中，如图 6-32 所示。

图 6-32

22 选中木纹图像，在属性栏中设置图像大小，并调整木纹图像与页面中心对称，如图 6-33 所示。

23 移动木纹图像的位置并拉长图像的高度，调整背景图像的高度，如图 6-34 所示。

图 6-33

图 6-34

24 选中木纹图像，使用"透明度工具"改变图像的透明度，在透明度对象上拖动把手，如图 6-35 所示。

图 6-35

25 单击属性栏中的"编辑透明度"按钮 ⬚，在弹出的"编辑透明度"对话框中进行设置，如图 6-36 所示。

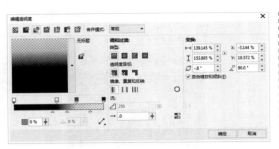

图6-36

26 单击"编辑透明度"对话框中的"确定"按钮,应用渐变透明度,效果如图6-37所示。

图6-37

27 使用"矩形工具"创建矩形,效果如图6-38所示。

图6-38

28 选中上一步骤绘制的矩形,选择"窗口"|"泊坞窗"|"对象属性"命令,弹出"对象属性"窗口,设置图像的轮廓为无,填充颜色,效果如图6-39所示。

图6-39

29 将在Photoshop中保存的图像文件"01.jpg"拖入至当前正在编辑的文档中,效果如图6-40所示。

图6-40

30 选中上一步骤操作图像,调整图像的大小及位置,效果如图6-41所示。

图6-41

31 使用"文本工具"字输入文字，在属性栏中设置字体及字体大小，如图6-42所示。

图6-42

32 选中字体，按Alt+F7组合键，打开"变换"窗口，设置倾斜参数，单击"应用"按钮应用变换效果，如图6-43、图6-44所示。

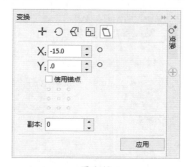

图6-43

图6-44

33 选中上一步骤中的文字，按+键复制

图像，如图6-45所示。

图6-45

34 双击上一步骤复制的文字，调整文字内容为"全升级"，并在打开的"对象属性"窗口中修改字体的颜色，如图6-46所示。

图6-46

35 继续添加文字信息，在属性栏中设置字体及字体大小，如图6-47所示。

图6-47

36 选中上一步骤添加的文字，在打开的"变换"窗口中设置倾斜参数，单击"应用"按钮，如图6-48所示。

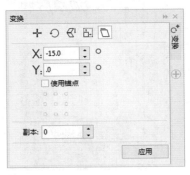

图6-48

37 使用"文本工具"添加文本，在属性栏中设置字体及字体大小，如图6-49所示。

图6-49

38 使用"形状工具" 单击上一步骤添加的文本，拖动鼠标，可以改变字体间距，效果如图6-50所示。

图6-50

39 使用"椭圆形工具" ○并按Ctrl键绘

制正圆，效果如图6-51所示。

图6-51

40 按+键复制上一步骤绘制的正圆，缩小正圆，按E+C组合键与大的正圆对齐图像，按Ctrl+L组合键，合并图像，制作圆环效果如图6-52所示。

图6-52

41 使用"矩形工具" □创建矩形，调整矩形的大小及位置，如图6-53所示。

图6-53

42 按 Shift 键加选圆环图像，在属性栏中单击"移除前面对象"按钮，裁剪图像，如图 6-54 所示。

图6-54

43 使用"箭头符号工具"绘制箭头图像，在属性栏中选择"完美形状"，绘制出想要的箭头，如图 6-55、图 6-56 所示。

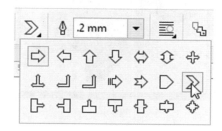

图6-55

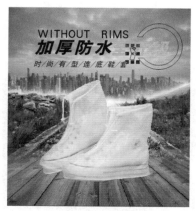

图6-56

44 选中箭头图像，按 Ctrl+Q 组合键，将图像转换为曲线，再利用"形状工具"调整图像，使箭头更美观一些，如图 6-57 所示。

45 旋转箭头图像，调整箭头的位置及大小，如图 6-58 所示。

图6-57

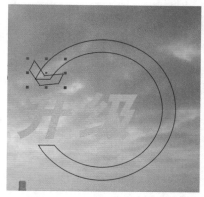

图6-58

46 按 Shift 键加选圆环图像，单击属性栏中的"合并"按钮，合并图像，并填充颜色，设置轮廓颜色为无，如图 6-59、图 6-60 所示。

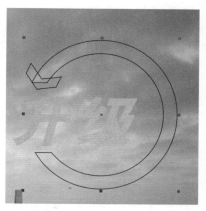

图6-59

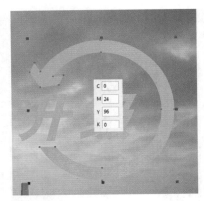

图6-60

47 调整之前添加的图像，选中 WITHOUT RIMS 文字，倾斜文字，效果如图 6-61 所示。

图6-61

48 选中图像，按 Ctrl+G 组合键组合对象，并在画面中调整组合图像的位置及大小，效果如图 6-62 所示。

图6-62

49 在 Photoshop CC 软件中打开素材图像文件"坚果 .jpg"，如图 6-63 所示。使用"魔棒工具"在白色背景上单击创建选区，将"背景"图层解锁并删除选区中的图像，如图 6-64 所示。

图6-63

图6-64

50 将上一步骤图像保存为 PSD 格式，并将"坚果 .jpg"文件直接拖至正在编辑的文档中，调整图像的大小及位置，如图 6-65 所示。

图6-65

51 使用"阴影工具"为图像添加阴影，如图 6-66 所示。

图6-66

52 选择"多边形工具"◯，在属性栏中设置图形的边数为6，创建六边形，如图6-67所示。

图6-67

53 选中六边形，填充颜色，并设置轮廓为无颜色，如图6-68所示。

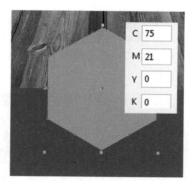

图6-68

54 选中六边形，加选下方的矩形图像，单击"对齐与分布"窗口中的"水平居中对齐"按钮，对齐图像，如图6-69所示。

55 选中六边形，按＋键复制图形，并缩小复制的图像，按E+C组合键对齐图像，效果

如图 6-70 所示。

图6-69

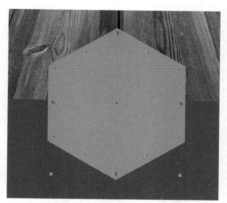

图6-70

56 选中上一步骤复制的六边形，在"对象属性"窗口中设置图像的填充及轮廓，效果如图 6-71、图 6-72 所示。

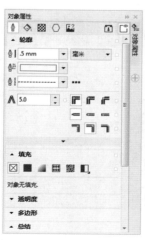

图6-71

图6-72

57 使用"矩形工具"□绘制矩形,设置填充颜色并设置轮廓为无色,效果如图 6-73 所示。

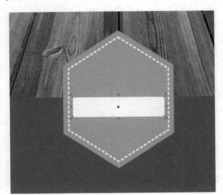

图6-73

58 使用"文本工具"添加文字信息,并设置字体、字号、填充颜色,设置轮廓为无色,如图 6-74 所示。

图6-74

59 选中上一步骤字体,使用"形状工

具" 调整字体的间距,如图 6-75 所示。

60 重复以上步骤添加文本信息,如图 6-76 所示。

图6-75

图6-76

61 选中"|全|防|水|",按+键复制图层,如图 6-77 所示。使用"选择工具"双击文字,修改文字内容,并在属性栏中设置字体和字号,如图 6-78 所示。

图6-77

图6-78

62 选择 "矩形工具" □, 按 Ctrl 键创建正方形, 选中图像并旋转, 如图 6-79 所示。

图6-79

63 选中正方形, 在 "对象属性" 窗口中设置正方形的轮廓及填充, 如图 6-80 所示。

图6-80

64 绘制矩形, 在 "对象属性" 窗口中设

置矩形的轮廓为无颜色, 填充为白色, 如图 6-81、图 6-82 所示。

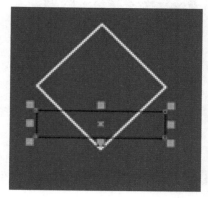

图6-81

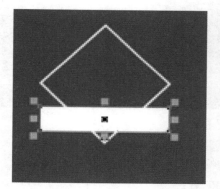

图6-82

65 使用 "文本工具" 添加文字信息, 并设置文字的颜色、字体、字号, 如图 6-83 所示。

图6-83

66 继续使用 "文本工具" 添加文字信息, 设置文字的颜色、字体、字号。利用 "形状工具" 调整字体的间距, 如图 6-84 所示。

图6-84

67 选中图形，按＋键复制图形，如图6-85所示。

图6-85

68 使用"文本工具" 字直接在文字上单击并修改文字的内容，如图6-86所示。

图6-86

至此宣传单正面制作完成

6.2 宣传单反面的制作

绘制网格背景，对素材图像进行排版，通过绘制图形并将素材图像放置到绘制的图形中，通过裁剪图像，增强画面的层次感，更利于消费者以读图的形式方便快捷地了解产品。

01 单击页面左下角的按钮 □，增加页面，如图6-87所示。

02 使用"矩形工具"绘制矩形，在属性

栏中调整矩形的大小，对齐页面，如图6-88所示。

图6-87

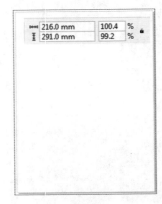

图6-88

03 选中上一步骤绘制的矩形，在"对象属性"窗口中设置图像的填充色，设置轮廓为无，效果如图6-89所示。

图6-89

04 选择"图纸工具" ，在属性栏中设置列数和行数，绘制出网格，效果如图 6-90 所示。

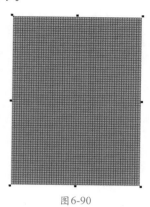

图6-90

05 选中网格，在"对象属性"窗口中设置颜色及透明度，效果如图 6-91、图 6-92 所示。

图6-91

图6-92

06 使用"矩形工具"绘制矩形，在属性栏中调整图像的大小，效果如图 6-93 所示。

图6-93

07 选中上一步骤绘制的矩形，在"对象属性"窗口中设置轮廓粗细为 6mm，并设置轮廓颜色，如图 6-94 所示。

图6-94

08 将素材文件"02.psd"直接拖入当前正在编辑的文档中，如图 6-95 所示。

图6-95

09 选中上一步骤图像，调整图像的位置及大小，如图 6-96 所示。

图 6-96

10 使用"多边形工具" ⬡ 绘制三角形，利用"轮廓工具" ⬚ 给图像绘制一个内轮廓，如图 6-97 所示。

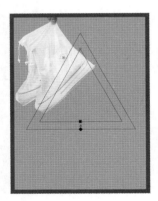

图 6-97

11 按 Ctrl+K 组合键打散图像，再按 Ctrl+L 组合键合并图像，效果如图 6-98 所示。

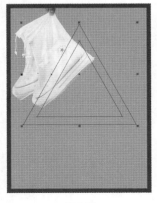

图 6-98

12 选中上一步骤图像，在"对象属性"窗口中设置图像的透明度、描边颜色及填充颜色，效果如图 6-99、图 6-100 所示。

图 6-99

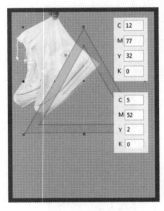

图 6-100

13 按 Ctrl+Page 组合键使图像图层置于鞋子图层的下方，并旋转图像调整大小及位置，效果如图 6-101、图 6-102 所示。

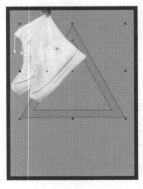

图 6-101

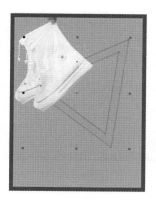

图6-102

14 绘制矩形，选中矩形，在图像上方单击鼠标右键，在弹出的快捷菜单中选择"框类型"|"创建空 PowerClip 图文框"命令，效果如图 6-103、图 6-104 所示。

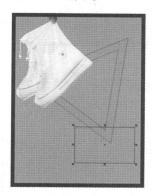

图6-103

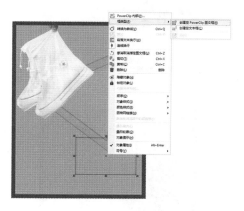

图6-104

15 选中 PowerClip 图文框，按＋键复制 PowerClip 图文框，调整其大小及位置，效果如图 6-105 所示。

16 将"鞋 03.jpg"图像拖至当前正在编辑的文档中，如图 6-106 所示。

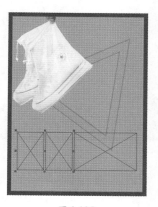

图6-105

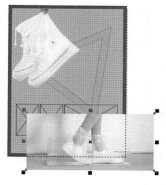

图6-106

17 选中"鞋 03.jpg"图像并拖入创建的矩形 PowerClip 图文框中，效果如图 6-107 所示。

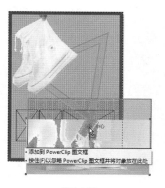

图6-107

18 选中上一步骤绘制的图像，图像的下方会出现"编辑 PowerClip"按钮，如图 6-108 所示。

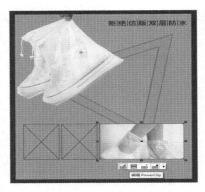

图6-108

19 单击"编辑 PowerClip"按钮 🖼️，完成图像调整；单击画面中的"停止编辑内容"按钮 🖼️，效果如图 6-109、图 6-110 所示。

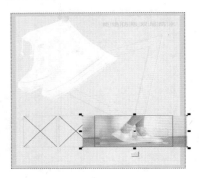

图6-109

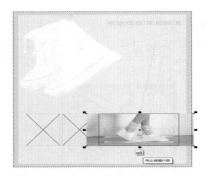

图6-110

20 选中 PowerClip 图文框，在"对象属性"窗口中设置轮廓为无颜色，效果如图 6-111 所示。

21 将素材文件"鞋 04.jpg""鞋 05.jpg"直接拖入当前正在编辑的文档中，重复以上步骤将图像拖入到 PowerClip 图文框，完成 PowerClip 的编辑，效果如图 6-112 所示。

图6-111

图6-112

22 使用"矩形工具"绘制矩形，设置填充色，设置轮廓为无色，效果如图 6-113、图 6-114 所示。

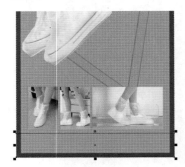

图6-113

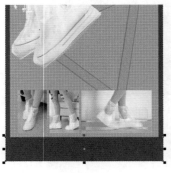

图6-114

23 使用"文本工具"添加文本信息，并设置文字的字体、字号、颜色，效果如图 6-115、图 6-116 所示。

图6-115

图6-116

24 选中上一步骤添加文本，依次使用"形状工具" 调整字体的间距，效果如图 6-117 所示。

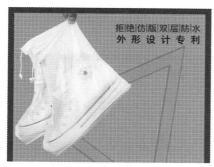

图6-117

25 选择"椭圆形工具" ，按 Ctrl 键绘制正圆，设置正圆的填充色，设置轮廓为无颜色，效果如图 6-118 所示。

26 按 Ctrl+Page 组合键调整正圆的图层顺序，并复制正圆，为字体添加白色的圆圈底，效果如图 6-119、图 6-120 所示。

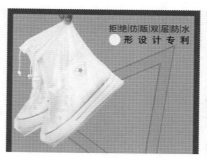

图6-118

图6-119

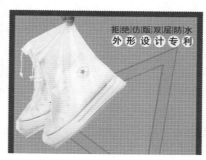

图6-120

27 选择"椭圆形工具" ，按 Ctrl 键绘制正圆，效果如图 6-121 所示。设置正圆的填充色，并设置轮廓为无颜色，如图 6-122 所示。

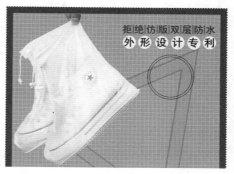

图6-121

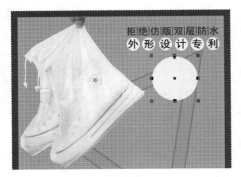

图6-122

28 选中上一步骤小的正圆，单击鼠标右键，在弹出的快捷菜单中选择"框类型"|"创建空 PowerClip 图文框"命令，创建圆形 PowerClip 图文框，如图 6-123 所示。

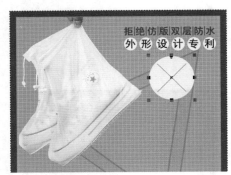

图6-123

29 将素材文件"鞋 06.jpg"拖入当前正在编辑的文档中，如图 6-124 所示。

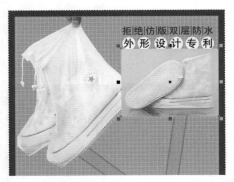

图6-124

30 选中"鞋 06.jpg"图像拖入创建的圆形 PowerClip 图文框中，调整 PowerClip 内容，完成 PowerClip 的编辑，效果如图 6-125 所示。

31 绘制矩形图像，设置填充色并设置轮廓为无颜色，效果如图 6-126 所示。

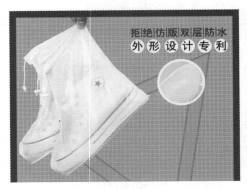

图6-125

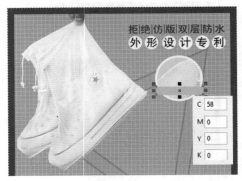

图6-126

32 选中上一步骤绘制的矩形，按 W 键将矩形拖入到圆形 PowerClip 图文框中，调整 PowerClip 内容，完成 PowerClip 的编辑，效果如图 6-127 所示。

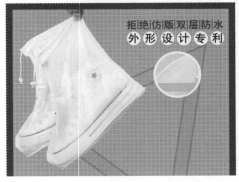

图6-127

33 选中图像最外的正圆，使用"阴影工具"□为上一步骤绘制的图像添加阴影，效果如图 6-128 所示。

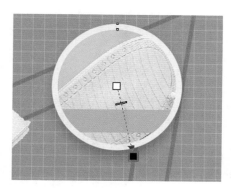

图6-128

34 使用"文本工具"字添加文本信息，设置文字的字体、字号及颜色、如图 6-129 所示。

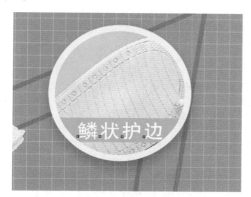

图6-129

35 选中图像及图像阴影，按 + 键复制图像，如图 6-130 所示。

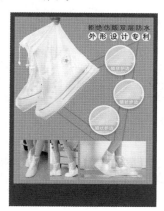

图6-130

36 选中图像的 PowerClip 图文框，调整 PowerClip 内容，完成 PowerClip 的编辑，效果如图 6-131 所示。

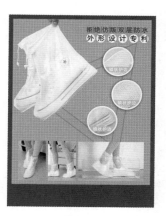

图6-131

37 使用"文本工具"字修改复制图形的文字信息，如图 6-132 所示。

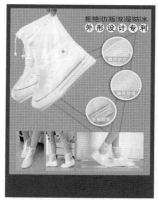

图6-132

38 使用"矩形工具"□绘制矩形，单击属性栏中"圆角"按钮□调整圆角半径的参数，绘制圆角矩形，如图 6-133、图 6-134 所示。

图6-133

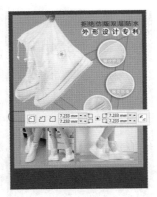

图6-134

39 使用"矩形工具"□绘制矩形，按Shift键加选圆角矩形图像，单击属性栏中"移除前面对象"按钮⬚，修剪图像效果如图6-135、图6-136所示。

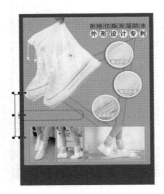

图6-135

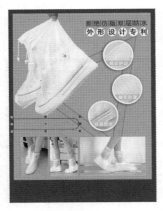

图6-136

40 在"对象属性"窗口中设置参数，改变图像的颜色及轮廓，如图6-137、图6-138所示。

图6-137　　　　　图6-138

41 选中上一步骤操作的图像，选择"窗口"|"泊坞窗"|"对象管理器"命令，在打开的"对象管理器"窗口中调整图层顺序及图像位置，效果如图6-139所示。

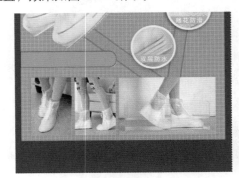

图6-139

42 使用"文本工具"字添加文本信息，设置文字的字体、字号，如图6-140所示。

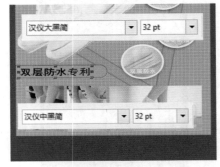

图6-140

43 选择"椭圆工具"按Ctrl键绘制正圆形，并填充颜色，效果如图6-141所示。

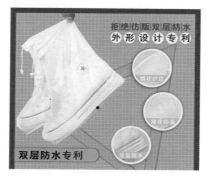

图6-141

44 使用"两点工具" ✐绘制直线，设置线的粗细及样式，绘制出虚线，效果如图 6-142所示。

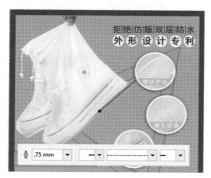

图6-142

45 重复上述步骤，绘制直线，效果如图 6-143 所示。

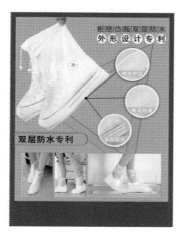

图6-143

46 将素材文件"奖杯 .psd"拖入当前正在编辑的文档中，并调整图像的大小及位置，如图 6-144 所示。

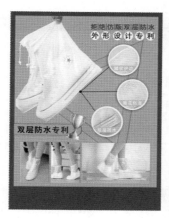

图6-144

47 使用"文本工具" 字添加文字信息，设置文字的字体、字号及颜色，并调整字体的间距，效果如图 6-145、图 6-146 所示。

图6-145

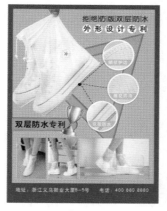

图6-146

至此宣传单背面制作完成。

强化训练

项目名称

招聘宣传页

项目需求

受某公司的委托为其设计单面内容的招聘宣传页，要求内容简洁，突出重点信息，画面可爱、有青春活力，能吸引年轻人的注意。

项目分析

画面背景使用了黄色的暖色调，整体感觉特别温暖，又置入可爱的卡通形象，使人倍感亲切，给画面增加了几分青春气息。文字由红色和黑色相搭配而成，丰富了画面，突出了画面中重点信息。

项目效果如图 6-147 所示。

操作提示

01 使用"钢笔工具"绘制框架，并设置颜色，绘制出背景。

图 6-147

02 使用"钢笔工具"绘制装饰图案形状，并填充颜色。

03 使用"文字工具"输入文字信息，设置字体、字号。

第 **7** 章　设计制作杂志封面

　　杂志与报纸一样是有时效性的传播载体，同时兼顾了详尽的评论，是一种受众面很广的媒体。杂志的封面就相当于人的脸面，是不说话的推销员，好的封面设计，能够吸引读者的注意力，提升销量。在制作封面的过程中我们要寻求艺术上的美学与杂志形状上的内蕴相呼应之处，制作出的封面才能满足读者的幻想、审美等多方面需求。

学习目标

➢ 熟练应用 Photoshop 添加蒙版
➢ 熟练应用 Photoshop 快速填充颜色
➢ 熟练应用 Photoshop 调整图像
➢ 熟悉应用 CorelDRAW 精确地添加辅助线

◎绿色的杂志封面展示效果

◎灰色的杂志封面展示效果

➡ 7.1 封面主图的制作

本案例的画面制作主要是通过创建蒙版来处理图片，使各种的图片能够和谐地拼在一起，除此之外还要创建调整画面色彩的图层，使用对象调整命令，让各种色调素材在画面中的颜色能统一协调，使画面更加美观。

01 启动 Photoshop CC 软件，选择"文件"|"新建"命令，在弹出的"新建文档"对话框中进行设置，然后单击"创建"按钮，新建文档，如图 7-1 所示。

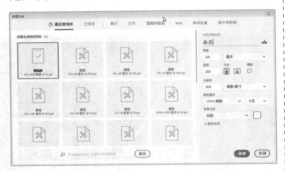

图 7-1

02 将素材文件"背景 1.jpg"拖至当前正在编辑的文档中，如图 7-2 所示。

图 7-2

03 在"图层"面板底部单击"添加图层蒙版"◻ 按钮，创建蒙版，如图 7-3 所示效果。

04 选中蒙版，使用"画笔工具" ✎ 在画布中绘制，隐藏不需要的图像，并调整图像的大小及位置，如图 7-4 所示。

图 7-3

图 7-4

05 按 Ctrl+J 组合键，复制"背景 1"图层，选中蒙版，单击鼠标右键，在弹出的快捷菜单中选择"停用图层蒙版"命令，并调整图像的大小及位置，如图 7-5、图 7-6 所示。

图 7-5

图7-6

06 双击停用的蒙版，启用蒙版，使用
"画笔工具" ✐，并在属性栏中设置画笔硬度
为"羽化画笔"，在图中绘制隐藏或显示部分图
像，如图 7-7 所示。

图7-7

07 单击"图层"面板底部"创建新图
层" ◻ 按钮，按 Ctrl+A 组合键全选画布，如
图 7-8 所示。

图7-8

08 单击工具箱中的"前景色"，在弹出的
"拾色器"对话框中设置颜色，再按 Alt+Delete
组合键，给选区填充前景色，如图 7-9 所示。

图7-9

09 单击"图层"面板底部的"添加图层
蒙版" ◻ 按钮，创建蒙版，并使用羽化笔在画
面中绘制，隐藏部分图像，如图 7-10 所示。

图7-10

10 在"图层"面板中，设置上一步骤操
作图像不透明度为 38%，使画面中的部分云偏
向绿色，效果 7-11 所示。

11 按 Ctrl+J 组合键复制"背景 1"图
层，按 Shift+Ctrl+] 组合键调整图层顺序，并
调整图像的大小，选中蒙版，使用羽化笔隐藏
部分图像，画面中添加月亮图像，如图 7-12
所示。

图7-11　　　　　　　　图7-12

12 将素材文件"球.tif"拖至当前正在编辑的文档中，调整其大小及位置，如图7-13所示。

13 选中上一步骤操作的图像，单击"图层"面板底部的"添加图层蒙版" ▫ 按钮，创建蒙版，选中蒙版，并使用羽化笔在画面中绘制，隐藏部分图像，如图7-14所示。

图7-13　　　　　　　　图7-14

14 单击"图层"面板底部的"创建新的填充或调整图层" ◐ 按钮，在下拉菜单中选择"可选颜色"选项，创建选择颜色图层，在属性面板中设置参数，效果如图7-15、图7-16所示。

图7-15　　　　　　　　图7-16

15 将素材文件"边缘.tif"拖至当前正在编辑的文档中，调整其大小及位置，如图7-17所示。

16 单击"图层"面板中的"添加图层样式" ƒₓ 按钮，在弹出的菜单中选择"内阴影"选项，在弹出的"图层样式"对话框中设置内阴影的参数，如图7-18所示。

图7-17

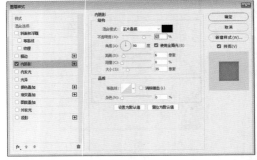

图7-18

17 将素材文件"草.tif"拖至当前正在编辑的文档中，调整其大小及位置，如图7-19所示。

图7-19

18 选中草图层，单击"图层"面板底部的"添加图层蒙版"按钮，创建蒙版，使用"画笔工具"在画布中绘制，隐藏不需要的图像，如图 7-20 所示。

图 7-20

19 单击"图层"面板中的"添加图层样式"按钮，在弹出的菜单中选择"渐变叠加"选项，在弹出的"图层样式"对话框中设置渐变叠加的参数，如图 7-21 所示。

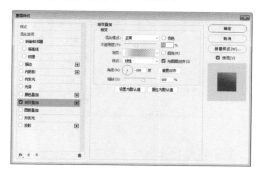
图 7-21

20 在"图层样式"对话框中，选择"投影"选项并设置投影参数，为图像添加阴影效果，如图 7-22 所示。

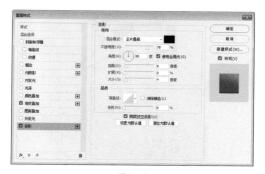
图 7-22

21 将素材文件"树根 .tif"拖至当前正在编辑的文档中，调整其大小及位置，如图 7-23 所示。

图 7-23

22 选中树根图层，单击"图层"面板底部的"添加图层蒙版"按钮，创建蒙版，选中蒙版，使用"画笔工具"在画布中绘制，隐藏不需要的图像，如图 7-24 所示。

图 7-24

23 单击"图层"面板底部的"创建新的填充或调整图层"按钮，在下拉菜单中选择"亮度 / 对比度"选项，创建对比度图层，在"属性"面板中设置对比度，使画面变得更加明亮，使其对比更加强烈一些，如图 7-25、图 7-26 所示。

图 7-25

图7-26

24 选中对比图层的蒙版，使用"画笔工具"，在属性栏中调整画笔的透明度，并在画布中绘制，将一部分的亮度减弱，如图 7-27 所示。

图7-27

25 将素材文件"人物 1.tif"拖至当前正在编辑的文档中，调整其大小及位置，如图 7-28 所示。

图7-28

26 选中"人物 1"图层，单击"图层"面板底部的"添加图层蒙版"按钮，创建蒙版，使用"画笔工具"在画布中绘制，在属性栏中调整画笔的硬度、透明度，隐藏不需要的图像，如图 7-29 所示。

图7-29

27 选择"图像"|"调整"|"亮度/对比度"命令，调整人物的肤色亮度，如图 7-30 所示。

图7-30

28 将素材文件"人物 2.tif"拖至当前正在编辑的文档中，调整其大小及位置，如图 7-31 所示。

图7-31

29 选中"人物 2"图层，添加图层
蒙版，使用"钢笔工具" <u>∅.</u> 绘制路径，按
Ctrl+Enter 组合键建立选区，选中蒙版，在选
区内填充黑色，隐藏选区中的图像，如图 7-32
所示。

图 7-32

30 选中"人物 2"图层蒙版，利用"画
笔工具" <u>✓.</u> 在属性栏中调整画笔的不透明度、
硬度，在画布中绘制隐藏不需要的图像，如
图 7-33 所示。

图 7-33

31 将素材文件"树 1.tif"拖至当前正在
编辑的文档中，调整其大小及位置，如图 7-34
所示。

32 选中"树 1"图层，创建图层蒙版，
利用"画笔工具" <u>✓.</u> 在属性栏中设置画笔的不
透明度、硬度，并在画布中绘制，隐藏不需要
的图像，如图 7-35 所示。

图 7-34

图 7-35

33 将素材文件"树 2.tif"拖至当前正在
编辑的文档中，调整其大小及位置，并按 Ctrl+[
组合键调整图层顺序，使图像图层置于"人物
2"图层下方，如图 7-36 所示。

图 7-36

34 将素材文件"树 3.tif"拖至当前正在编辑的文档中，调整其大小及位置，如图 7-37 所示。

图 7-37

35 选择"图像"|"调整"|"色相 / 饱和度"命令，在弹出的"色相 / 饱和度"对话框中进行设置，调整"树 3"的颜色，如图 7-38 所示。

图 7-38

36 选中"树 3"图层，创建图层蒙版，利用"画笔工具" ☑在属性栏中调整画笔的不透明度、硬度，并在画布中绘制，隐藏不需要的图像，如图 7-39 所示。

图 7-39

37 将素材文件"云 .tif"拖至当前正在编辑的文档中，调整其大小及位置，如图 7-40 所示。

图 7-40

38 选中"云"图层，创建图层蒙版，使用"画笔工具" ☑并在属性栏中调整画笔的不透明度、硬度，在画布中绘制，隐藏不需要的图像，如图 7-41 所示。

图 7-41

39 将素材文件"蝴蝶 .tif"拖至当前正在编辑的文档中，调整其大小及位置，如图 7-42 所示。

图 7-42

40 单击"图层"面板底部的"创建新的填充或调整图层" 按钮，在下拉菜单中选择"可选颜色"选项，创建"选择颜色"图层，在"属性"面板中设置参数，并将图像保存为 JPG 格式，如图 7-43、图 7-44 所示。

图 7-43

图 7-44

至此，完成画面的制作。

→7.2 杂志整体排版

在制作封面的过程中，首先通过打开"选项"对话框添加精确辅助线，之后使用"矩形工具"绘制背景，并添加 Photoshop 制作的素材，再利用"文本工具"快速添加文字信息等，完成杂志封面的制作。

01 启动 CorelDRAW X8 软件，选择"文件"|"新建"命令，在弹出的"创建新文档"对话框中进行设置，然后单击"确定"按钮，新建文档，如图 7-45 所示。

图 7-45

02 选择"工具"|"选项"命令，弹出"选项"对话框，选择页面尺寸，设置页面的出血，如图 7-46 所示。

图 7-46

03 继续在"选项"对话框中设置添加精准的辅助线，选择"辅助线"|"水平"，在"水平"下方的数值框中，输入需要添加的水平辅助线指向的垂直标尺刻度值，然后再单击"添加"按钮，可以把数值添加到下面的数值框中，完成第一条辅助线的添加，如图 7-47 所示。

图 7-47

04 在数值框中输入第二个水平辅助线指向的垂直标尺刻度值，添加第二条水平辅助线，如图7-48所示。

图7-48

05 选中"垂直"选项，在"垂直"下方的数值框中，输入需要添加的水平辅助线指向的垂直标尺刻度值，然后单击"添加"按钮，完成辅助线的添加，如图7-49、图7-50所示。

图7-49

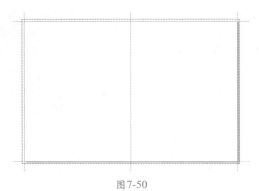

图7-50

06 使用"矩形工具"□绘制矩形，如图7-51所示。选中矩形，使用"交互式填充工具"◇填充颜色，如图7-52所示。

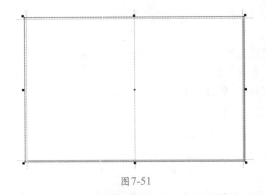

图7-51

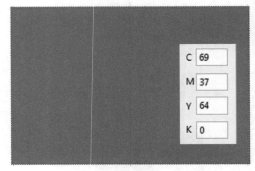

图7-52

07 将Photoshop制作好的图片，直接拖入至当前正在编辑的CorelDRAW文档中，如图7-53所示。

图7-53

08 使用"矩形工具"□绘制矩形，并使用"交互式填充工具"◇填充颜色，如图7-54所示。

09 在属性栏中进行设置，为矩形添加圆角效果，如图7-55所示。使用"文本工具"字添加文字信息，在属性栏中设置其字体、字号。并使用"交互式填充工具"◇填充白色颜色，如图 7-56 所示。

图 7-54

图 7-55

图 7-56

10 继续使用"文本工具" **字** 添加文字信息，在属性栏中设置其字体、字号，如图 7-57、图 7-58 所示。

11 使用"文本工具" **字** 添加文字信息，在属性栏中设置其字体、字号，选中文字后，

单击文字，鼠标置于文字上方将文字变形，如图 7-59 所示。

图 7-57

图 7-58

图 7-59

12 继续使用"文本工具" **字** 添加文字信息，在属性栏中设置其字体、字号，如图 7-60 所示。

13 将素材二"条形码 .cdr""背面广

告 .cdr"拖入到当前正在编辑的文档中，如图 7-61、图 7-62 所示。

图 7-60

图 7-61

图 7-62

至此，完成杂志封面整体的制作。

强化训练

项目名称

时尚海报设计

项目需求

受某公司的委托制作杂志封面，要求杂志的色彩要新潮，富有个性，整体设计要大方，能吸引人的注意力，提高杂志的销量。

项目分析

本案例是灰色的色调，漂亮的人物与背景形成鲜明的对比，使人物更加的突出，能吸引人的眼球。封面的字体以褐色黑色为主，与人物身上的颜色相呼应，使整个版面非常的统一协调，封面又添加了简单的装饰，使封面看起来既简洁大方，又富有潮流时尚感。

项目效果

项目效果如图 7-63 所示。

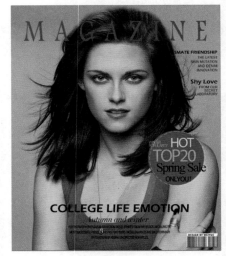

图 7-63

操作提示

01 使用图像调整和蒙版处理图片。

02 使用"圆角矩形工具"等添加装饰。

03 使用"文字工具"输入文字信息，设置字体、字号。

第 8 章 设计制作企业网站首页

网站首页是一个网站的入口网页，当消费者打开网页就立刻知道是什么，那么这个网站就成功了一半，所以在设计网页的时候一定要明确主题。其次要有鲜明的对比性，色彩要有让人产生看下去的欲望，最后要有亮点，能够吸引人往下浏览。

学习目标

➤ 熟练应用 Photoshop 画笔工具
➤ 熟练应用 CorelDRAW 立体化工具
➤ 熟练应用 CorelDRAW 智能填充工具
➤ 熟悉应用 CorelDRAW 交互式填充工具

◎格林木公司网站首页

◎公司首页设计

8.1 网站首页背景的制作

本案例要制作的是装潢公司的网站首页设计，网站首页设计的显著特点就是要具有强烈的代表性与识别性，本案例就突出了这一特点。本案例的整个设计过程包括分别在CorelDRAW 中创建立体图形，在 Photoshop 中进行整合。通过搭建三维立体场景，增强空间错觉，勾起浏览者的无限遐想，达到吸引消费者的目的，起到宣传作用。

01 启动 Photoshop CC 软件，选择"文件"|"新建"命令，新建一个文档，如图 8-1所示。单击"图层"面板底部的"创建新的填充或调整图层" |◉.按钮，在弹出的菜单中选择"渐变…"命令，如图 8-2 所示。

图 8-1

图 8-2

02 在弹出的"渐变填充"对话框中进行设置，单击对话框中的渐变条，如图 8-3 所示。在弹出的"渐变编辑器"对话框中设置渐变颜色，填充渐变，如图 8-4 所示。

图 8-3

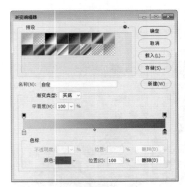

图 8-4

03 使用"移动工具" ⊕.在页面中调整渐变中心点的位置，如图 8-5 所示。在"渐变填充"对话框中单击"确定"按钮，应用渐变填充效果，如图 8-6 所示。

图 8-5

图 8-6

04 单击"图层"面板底部的"创建新图层" 按钮，新建"图层 1"，如图 8-7 所示。选择"视图"|"标尺"命令，打开标尺，并从位于页面上方的标尺中拖出横向的参考线，如图 8-8 所示。

图 8-7

图 8-8

05 单击工具箱中的 按钮，切换前景色和背景色，如图 8-9 所示。选择"画笔工具" ，单击属性栏中的"切换画笔面板" 按钮，在弹出的"画笔"面板中设置画笔样式及大小，如图 8-10 所示。然后在页面中单击绘制圆点，如图 8-11 所示。

图 8-9   图 8-10

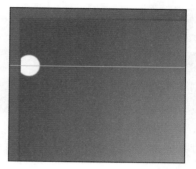

图 8-11

06 按 Shift 键在另一处单击，如图 8-12 所示。

图 8-12

07 通过上一步骤的操作，创建出如图 8-13 所示的效果。

图 8-13

08 选择"编辑"|"自由变换"命令，打开图像变换框，在属性栏中压缩图像的高度，单击属性栏中的"提交变换" 按钮，应用变换效果，如图 8-14 所示。

图 8-14

09 使用"移动工具" ，并使用键盘上的方向键向下移动图像的位置，如图 8-15 所示。

图 8-15

10 使用"矩形选框工具" ⬚ 绘制矩形，如图8-16所示。

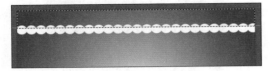

图8-16

11 按Delete键删除选区中的图像，如图8-17所示。

图8-17

12 新建"图层2"，如图8-18所示。选中"油漆桶工具" ⬚ 在选区中单击，填充前景色，按Ctrl+D组合键取消选区，如图8-19所示。

图8-18

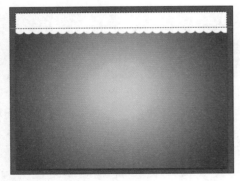

图8-19

13 调整图层顺序，如图8-20所示。单击"图层"面板底部的"添加图层样式" fx 按钮，在弹出的菜单中选择"外发光"命令，如图8-21所示。

图8-20

图8-21

14 在弹出的"图层样式"对话框中进行设置，如图8-22所示，单击"确定"按钮，应用外发光效果，如图8-23所示。

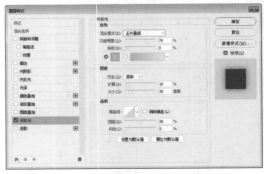

图8-22

图8-23

[15] 选择"视图"|"清除参考线"命令，清除参考线。使用"横排文字工具" T. 创建文字信息，如图 8-24 所示。

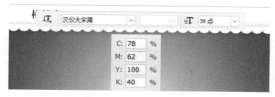

图8-24

[16] 继续添加文字信息，如图 8-25 所示。

图8-25

[17] 选中"首页"文字，单击"字符"面板中的"下划线" T 按钮，如图 8-26 所示，为选中的文字添加下划线，效果如图 8-27 所示。

图8-26

图8-27

至此网站首页背景正面制作完成。

8.2 整体效果的渲染

整个主题图案以绿色为主，运用了森林和小岛打造一个全生态的家园环境，给客户置身于家园的感觉，同时也突出了装潢公司环保理念。下面将具体介绍主题图形的绘制操作。

[01] 启动 CorelDRAW X8 软件，选择"文件"|"新建"命令，在弹出的"创建新文档"对话框中设置参数，然后单击"确定"按钮，新建文档，如图 8-28 所示。

图8-28

[02] 使用"多边形工具" ◯ 绘制六边形，在属性栏中设置形状的边数，按 Ctrl 键绘制正六边形，效果如图 8-29 所示。

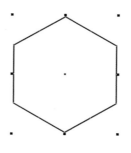

图8-29

03 选择"窗口"|"泊坞窗"|"变换"命令，在弹出的"变换"窗口中进行设置，单击"应用"按钮，应用变换，效果如图8-30、图8-31所示。

图8-30

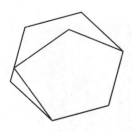

图8-33

06 使用"贝塞尔工具" 📈 绘制三角形，在属性栏中设置轮廓宽度为无，并利用"交互式填充工具" ◆ 为图像分别填充不同的颜色，效果如图8-34所示。

图8-34

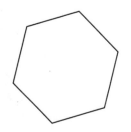

图8-31

04 使用"多边形工具" ⬡ 绘制五边形，在属性栏中设置多边形的边数，按Ctrl键绘制正五边形，效果如图8-32所示。

07 继续绘制三角形，全选图像，在属性栏中设置轮廓的宽度为无，并按Ctrl+G组合键，群组图像，效果如图8-35所示。

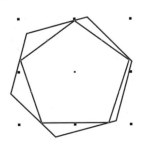

图8-32

05 按Ctrl+Q组合键将图像转换为曲线，使用形状工具 ⬦ 调整锚点，效果如图8-33所示。

图8-35

08 选中组合对象，按+键复制图像，将复制图像旋转并调整大小，放在页面合适的位置，效果如图8-36所示。

09 按＋键复制图像，调整大小及位置，效果如图 8-37 所示。

图 8-36

图 8-37

10 继续按＋键复制图像，调整大小、位置，并旋转图像，按 Shift+PageDown 组合键，将图像顺序置于最下方，效果如图 8-38 所示。

图 8-38

11 继续按＋键复制图像，调整大小、位置，并旋转图像，并按 Shift+PageDown 组合键，将图像顺序置于最下方，如图 8-39 所示。

图 8-39

12 使用"贝塞尔工具" 绘制图像，在属性栏中设置轮廓宽度为无，使用"交互式填充工具" 为图像填充颜色，效果如图 8-40、图 8-41 所示。

图 8-40

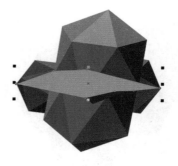

图 8-41

13 使用"贝塞尔工具" 绘制图像，效果如图 8-42 所示。选择"对象"| Power Clip |"创建空 Power Clip 图文框"命令，创建 Power Clip 图文框，效果如图 8-43 所示。

图 8-42

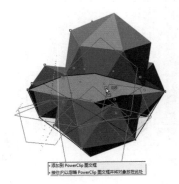

图 8-45

图 8-43

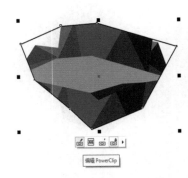

图 8-46

14 选中 Power Clip 图文框下方的所有图形，将其一起拖入至 Power Clip 图文框中，效果如图 8-44、图 8-45 所示。

图 8-44

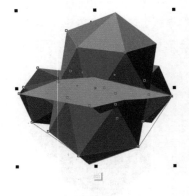

图 8-47

15 选中 Power Clip 图文框，单击页面上的"编辑 Power Clip"按钮，编辑 Power Clip 图文框中的内容，如图 8-46、图 8-47 所示。

16 完成 Power Clip 图文框中的内容编辑后，单击页面上的"停止编辑内容"按钮，隐藏部分图像，效果如图 8-48、图 8-49 所示。

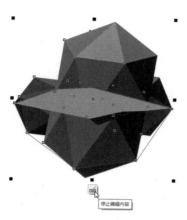

图 8-48

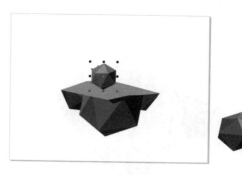

图 8-51

19 选中上一步骤绘制的图像，调整大小及位置，并旋转图像，效果如图 8-52 所示。按 Ctrl+ PageDown 组合键调整图层顺序，效果如图 8-53 所示。

图 8-49

17 选中 Power Clip 图文框，在属性栏中设置轮廓的宽度为无，效果如图 8-50 所示。

图 8-52

图 8-50

18 按 + 键复制图像，调整大小及位置，并旋转图像，效果如图 8-51 所示。

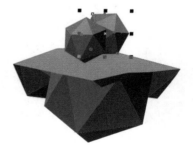

图 8-53

20 按 + 键复制上一步骤图像，调整大小及位置，并旋转图像，效果如图 8-54 所示。按 Ctrl+PageUp 组合键调整图层顺序，效果如图 8-55 所示。

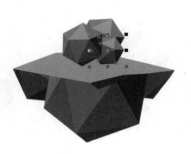

图8-54

图8-55

21 使用"贝塞尔工具" 绘制出房屋的侧面，效果如图8-56所示。

图8-56

22 选中上一步骤绘制的图像，在属性栏中设置轮廓宽度为无，并利用"交互式填充工具" 为图像填充颜色，效果如图8-57所示。

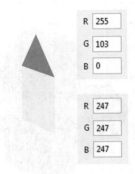

图8-57

23 按Ctrl+G组合键，组合对象，使用"立体化工具" ，创建立体模型，效果如图8-58所示。

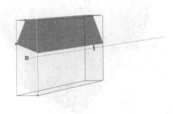

图8-58

24 使用"智能填充工具" 填充图像颜色，增加物体的体积感，效果如图8-59所示。

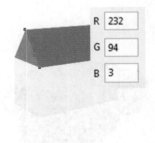

图8-59

25 继续使用"智能填充工具" 填充图像颜色，增加物体的体积感，效果如图8-60所示。

26 使用"贝塞尔工具" 绘制三角形，效果如图 8-61 所示。

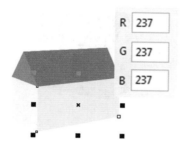

图 8-60

图 8-61

27 选中上一步骤绘制的图像，设置轮廓宽度为无，并填充颜色，效果如图 8-62 所示。

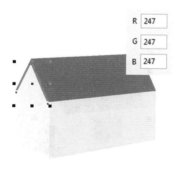

图 8-62

28 使用"贝塞尔工具" 绘制图形，来装饰房屋效果如图 8-63 所示。

图 8-63

29 使用"贝塞尔工具" 绘制图形，用来制作房子的门与窗户，并分别设置其颜色，如图 8-64 所示。全选图像，按 Ctrl+G 组合键群组对象，并将图像拖至页面中，调整房子的大小及位置，效果如图 8-65 所示。

图 8-64

图 8-65

30 选中房子，按 + 键复制房子，按 Ctrl+U 组合键取消组合对象，如图 8-66 所示。

31 选中复制的房子，删除部分不需要的图像，效果如图 8-67 所示。

图 8-66

图 8-67

32 调整立体图像，使用"形状工具"，调整房子底部灰色，装饰图像的形状，并使用"智能填充工具"，修改屋子的填充颜色，如图 8-68、图 8-69 所示。

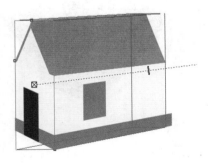

图 8-68

图 8-69

33 继续使用"形状工具"，修改填充屋顶的颜色，如图 8-70 所示。

图 8-70

34 选中图像 Ctrl+G 组合键组合对象，单击属性栏中的"水平镜像"按钮，翻转图像，效果如图 8-71 所示。

图 8-71

35 选中上一步骤操作的图像，调整图像的大小及位置，效果如图 8-72 所示。

图 8-72

36 使用"贝塞尔工具" ✐绘制图形，填充颜色，并设置轮廓宽度为无，绘制墙体效果如图 8-73 所示。

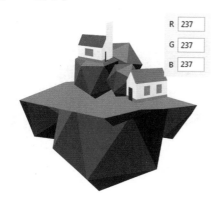

R	237
G	237
B	237

图 8-73

37 继续使用"贝塞尔工具" ✐绘制图形，填充颜色，并设置轮廓宽度为无，效果如图 8-74 所示。

图 8-74

38 使用前面介绍的方法，为墙体添加窗户，效果如图 8-75 所示。

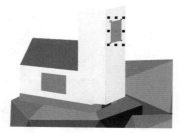

图 8-75

39 绘制三角形，制作出房屋的屋顶，填充颜色，并设置轮廓宽度为无，如图 8-76、图 8-77 所示。

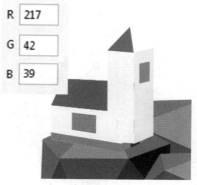

R	217
G	42
B	39

图 8-76

R	140
G	12
B	10

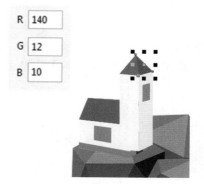

图 8-77

40 按 Ctrl+G 组合键将上一步骤绘制好的房子群组，并按 Ctrl+ PageDown 组合键调整图层顺序，效果如图 8-78 所示。

41 使用"多边形工具" ◯绘制图形，在属性栏中设置边数为 3，绘制出三角形，调整其大小及旋转角度，如图 8-79 所示。

图8-78

图8-79

42 选中上一步骤绘制的三角形，填充颜色并设置轮廓宽度为无，如图8-80、图8-81所示。

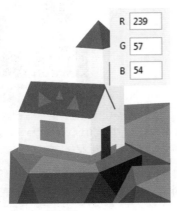

R	239
G	57
B	54

图8-80

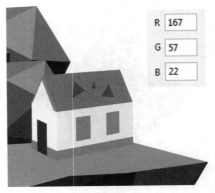

R	167
G	57
B	22

图8-81

43 复制之前创建的六边形，调整色块的颜色，如图8-82、图8-83所示。

R	107
G	130
B	0

R	143
G	197
B	49

R	105
G	130
B	0

R	123
G	182
B	42

R	116
G	163
B	36

R	170
G	222
B	59

图8-82   图8-83

44 使用"矩形工具"□绘制矩形，在属性栏中设置转角半径，绘制圆角矩形，效果如图8-84所示。按+键复制圆角矩形，修改填充色，如图8-85所示。

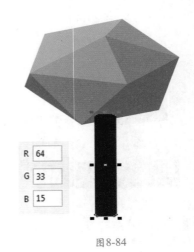

R	64
G	33
B	15

图8-84

图 8-85

45 使用"贝塞尔工具" ✐绘制三角形，使其置于圆角矩形的上方，效果如图 8-86 所示。

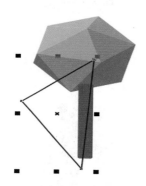

图 8-86

46 选中浅褐色的圆角矩形，选择"对象"| Power Clip|"置于图文框内部"命令，再单击画面中的三角形，隐藏部分图像，效果如图 8-87 所示。

图 8-87

47 选中三角形，设置轮廓的宽度为无，效果如图 8-88 所示。选中六边形，按 Shift + PageUP 组合键调整图层顺序，使树干置于六边形的下方，完成树图的制作，效果如图 8-89 所示。

图 8-88

图 8-89

48 将创建好的树图拖至页面中，并调整图形的大小及位置，如图 8-90 所示。复制并缩小图形，调整图形的位置，如图 8-91 所示。

图 8-90

图8-91

49 使用"多边形工具" ◯，绘制多边形，在属性栏中设置边数为8，绘制出八边形效果如图8-92所示。复制八边形，缩小图像，调整位置，效果如图8-93所示。

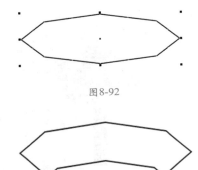

图8-92

图8-93

50 使用"贝塞尔工具" ✎绘制图像，如图8-94所示，最终的效果如图8-95所示。

51 使用"交互式填充工具" ◈为上一步骤操作图像填充颜色，设置轮廓宽度为无，如图8-96所示。复制并调整图形的大小，完成松树的顶部制作，如图8-97所示。

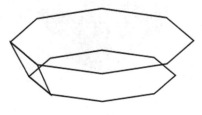

图8-94

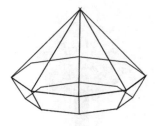

图8-95

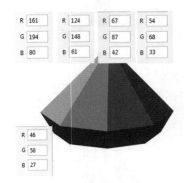

图8-96

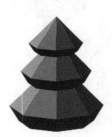

图8-97

52 选中树图树干部分，按Ctrl+C组合键复制图形，如图8-98所示。最后在上一步创建图形的文档中按Ctrl+V组合键粘贴图形，调整图形大小宽度，并调整图层顺序，在松叶的下方，如图8-99所示。

图8-98

图8-99

53 将松树图形拖至页面中,缩小图形并调整其位置,如图 8-100 所示。复制松树图形,调整大小及位置,并调整图层顺序,如图 8-101 所示。

图8-100

图8-101

54 复制松树图像,调整其图形的颜色,如图 8-102 所示。

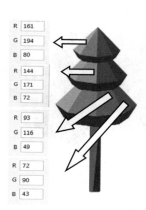

图8-102

55 将上一步调整后的图形拖至页面中,调整图形的大小、位置,如图 8-103 所示。

图8-103

56 复制六边形,调整大小、位置、旋转角度,图层顺序在最前面,效果如图 8-104、图 8-105 所示。

图8-104

图8-105

57 使用"贝塞尔工具" ✐绘制图形，制作出小路，如图 8-106 所示。继续绘制图形装饰小路，效果如图 8-107 所示。

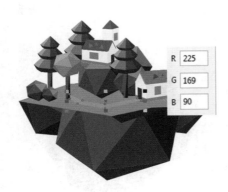

R	225
G	169
B	90

图8-106

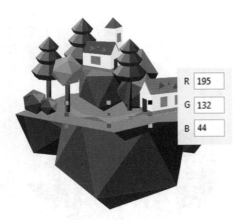

R	195
G	132
B	44

图8-107

58 复制橘色屋顶旁的松树，调整大小及位置，效果如图 8-108 所示。

图8-108

59 将 CorelDRAW 文档导出为 PDF 格式，用 Photoshop 打开 PDF 文档，效果如图 8-109 所示。

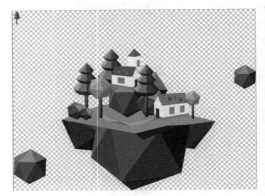

图8-109

60 使用"多边形套索工具" ✎选取图像，将选取的图像拖入至"制作装潢公司网页首页"文档中并调整大小及位置，如图 8-110、图 8-111 所示。

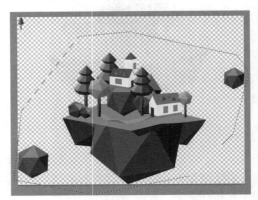

图8-110

图 8-111

61 继续使用"多边形套索工具" ，在
PDF 格式文件中选取图像，将选取的图像拖入
至"装潢公司网站首页"文档中并调整大小及
位置，如图 8-112、图 8-113 所示。

图 8-112

图 8-113

62 使用"矩形工具" ，绘制图像，制作
千纸鹤的身体，如图 8-114 所示。

63 按 Ctrl+T 组合键打开图形变换框，旋
转矩形，如图 8-115 所示。

图 8-114

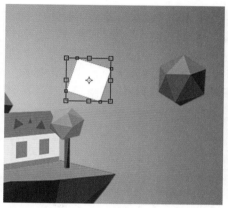

图 8-115

64 选择"多边形套索工具" ，绘制选
区，如图 8-116 所示。

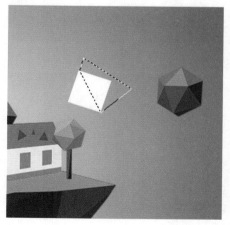

图 8-116

65 选择"选择"|"反向"命令，反转选
区，如图 8-117 所示。

图8-117

66 单击"图层"面板底部的"添加图层
蒙版"□按钮，为图层添加蒙版，隐藏选区中
的图像，如图8-118所示。复制上一步创建的
图形，调整其位置及大小，并旋转图像，制作
千纸鹤翅膀，如图8-119所示。

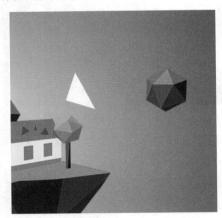

图8-118

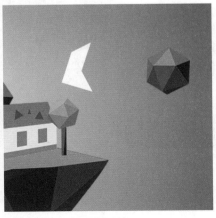

图8-119

67 选中上一步绘制的图像，双击图层缩
览图，调整填充色为灰色，如图8-120所示。

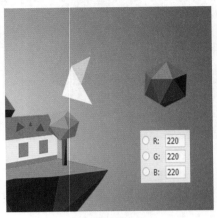

图8-120

68 继续复制并调整图形的填充色，创建
出小鸟图形，如图8-121所示。

图8-121

69 选中组成小鸟的图形，按 Ctrl+G 组合
键将其进行群组，如图8-122所示。

图8-122

70 按 Ctrl+J 组合键复制小鸟图像的编组，等比例缩小并移动图形，如图 8-123 所示。

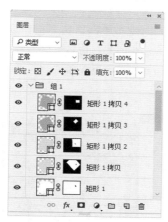

图 8-123

71 使用"横排文字工具"工添加文字信息，如图 8-124 所示。选中文字按 Ctrl+A 组合键，全选画面，单击属性栏中的"水平居中对齐"按钮，使文字与视图中心对齐，如图 8-125 所示。

图 8-124

图 8-125

72 使用"选择直线工具"绘制直线图形，利用"路径选择工具"选中路径，并按 Alt 键复制并水平向右移动路径，如图 8-126、图 8-127 所示。

图 8-126

图 8-127

73 使用"矩形工具"在视图底部绘制矩形，完成实例的制作，效果如图 8-128、图 8-129 所示。

图 8-128

图 8-129

至此网站首页制作完成。

强化训练

项目名称

装潢公司网站首页设计

项目需求

受某公司的委托为其设计公司网站首页，要求内容简洁、温馨，并具有一定的品质，网页版面布局要清晰，能够让访客更方便快捷地寻找其所需的信息。

项目分析

画面背景使用了暖色调，又绘制了可爱的插图，能让人感觉特别的温馨、亲切。网页版面布局清晰规范，用不同的颜色来区分，能让浏览者快速地寻找到其所需内容，丰富了画面色彩，同时规范的网页布局也体现公司的正规，展示了企业形象，符合网站的特性。

项目效果如图 8-130 所示。

图 8-130

操作提示

01 使用"矩形工具"绘制背景，并设置颜色。

02 使用"绘图工具"绘制装饰图案，并设置颜色。

03 使用"文字工具"输入文字信息，设置字体、字号。

第 **9** 章　设计制作创意海报

海报是一种大众化的宣传工具，也是一种信息传达的艺术。海报设计要调动形象、色彩、构图等因素，形成强烈的视觉效果，且必须有相当的号召力与艺术感染力，画面应有较强的视觉中心，设计要有自己的风格和设计特点。

意释放內心·自由完美诠释

AUTUMN NEW ARRIVA

HION AND CONTRACTED

学习目标

➢ 熟练应用 Photoshop 矢量蒙版
➢ 熟练应用 Photoshop 滤镜效果
➢ 掌握 CorelDRAW 旋转复制
➢ 熟悉应用 CorelDRAW 添加透视变形

◎鞋子海报效果展示

◎旅游海报效果展示

9.1 海报背景的制作

本案例背景由各种图像拼合而成，在制作背景时主要通过添加图层蒙版来处理图片，使图像之间能更好地融合在一起。其次是创建色调平衡图层和创建可选颜色图层，调整整个画面，使画面色调统一和谐。

01 启动 Photoshop CC 软件，选择"文件"|"新建"命令，在弹出的"新建文档"对话框中进行设置，然后单击"创建"按钮，新建文档，如图 9-1 所示。

图 9-1

02 按 Ctrl+J 组合键复制图像，单击"图层"面板下方的"添加图层样式" fx 按钮，在弹出的菜单中选择"渐变叠加"选项，在弹出的"图层样式"对话框中设置渐变叠加的参数，给图层添加渐变效果，如图 9-2、图 9-3 所示。

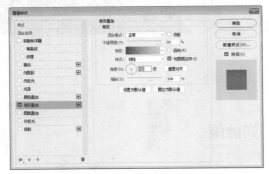

图 9-2

03 将素材文件"水潭 .tif"拖至当前正在编辑的文档中，并调整图像的大小及位置，如图 9-4 所示。

04 选中素材，单击"图层"面板底部的"添加图层蒙版" ▢ 按钮，使用"画笔工具" ✐

进行绘制，隐藏部分图像，如图 9-5、图 9-6 所示。

图 9-3

图 9-4

图 9-5

图9-6

05 将素材文件"山.tif"拖至当前正在编辑的文档中，并调整图像的大小及位置，如图9-7所示。

图9-7

06 选中上一步骤绘制的图像，单击"图层"面板底部的"添加图层蒙版" ▣ 按钮，添加图层蒙版，使用"画笔工具" ✐ 进行绘制，隐藏部分图像，图 9-8 所示。

图9-8

07 将素材文件"天空.tif"拖至当前正在编辑的文档中，并调整图像的大小及位置，如图9-9所示。

图9-9

08 将素材文件"小溪.tif"拖至当前正在编辑的文档中，并调整图像的大小及位置，如图9-10所示。

图9-10

09 选中上一步骤绘制的图像，单击"图层"面板底部的"添加图层蒙版" ▣ 按钮，添加图层蒙版，使用"画笔工具" ✐ 进行绘制，隐藏部分图像，如图9-11所示。

图9-11

10 选中上一步骤图像，按 Ctrl+J 组合键复制图像，并调整图像的位置及大小，效果如图 9-12 所示。

图9-12

11 选中上一步骤绘制的图像蒙版，使用"画笔工具" ✐ 修改蒙版中绘制的图像，并在"属性"面板中调节蒙版，使图像与背景更好地融合，效果如图 9-13、图 9-14 所示。

图9-13

图9-14

12 按 Ctrl+J 组合键复制"小溪"图像，并调整大小及位置，按 Ctrl+"组合键调整图层顺序，使图层置于最上方，如图 9-15 所示。

图9-15

13 选中图像蒙版，使用"画笔工具" ✐ 修改蒙版中绘制的图像，效果图 9-16 所示。

图9-16

14 将素材文件"石头 .tif"拖至当前正在编辑的文档中，并调整图像的大小及位置，效果图 9-17 所示。

图9-17

15 单击"图层"面板底部的"添加图层蒙

版"▫按钮，添加图层蒙版，用"画笔工具" ✐进行绘制，隐藏部分图像，效果如图9-18所示。

图9-18

16 选中上一步骤蒙版，在"属性"面板中设置羽化，使石头与水更好地融合，如图9-19、图9-20所示。

图9-19

图9-20

17 单击"图层"面板下方的"创建新的填充或调整图层"❍.按钮，在弹出的菜单中选择"色彩平衡"选项，创建"色彩平衡"图层，选中色彩平衡图层，在"属性"面板中设置参数，调整画面的色调，如图9-21、图9-22所示。

图9-21

图9-22

18 单击"图层"面板下方的"创建新的填充或调整图层"❍.按钮，在弹出的菜单中选择"可选颜色"选项，创建"可选颜色"图层，在"属性"面板中设置参数，调整画面的色调，如图9-23、图9-24所示。

图9-23

图9-24

19 将素材文件"花朵.tif"拖至当前正在编辑的文档中，并调整图像的大小及位置如图9-25所示。

图9-25

20 选中"花朵"图层，单击"图层"面板底部的"添加图层蒙版" ■ 按钮，添加图层蒙版，使用"画笔工具" ✎ 进行绘制，隐藏部分图像，效果如图9-26所示。

图9-26

21 选中上一步骤蒙版，在"属性"面板中设置羽化，使石头与水更好地融合，如图9-27、图9-28所示。

图9-27

图9-28

22 按Ctrl+J组合键复制选中上一步骤图像，变形翻转图像并调整大小及位置，如图9-29所示。

图9-29

23 复制上一步骤图像，翻转图像，并在"图层"面板中调整图层的不透明度为60%来制作花朵在水中倒影，如图 9-30 所示。

图 9-30

24 选中上一步骤图像，选择"滤镜"|"扭曲"|"波纹"命令，在弹出的"波纹"对话框中进行设置，制作出水波纹效果，如图 9-31、图 9-32 所示。

图 9-31

图 9-32

25 复制"花朵"图层，并调整其大小及位置，效果如图 9-33 所示。

26 将素材文件"树 .tif"拖至当前正在编辑的文档中，并调整图像的大小及位置，如图 9-34 所示。

图 9-33

图 9-34

至此海报背景制作完成。

9.2 装饰内容的添加

上述是海报背景的制作过程，接下来主要讲述用 CorelDRAW 制作装饰图案。在制作装饰图案时主要利用旋转复制做出花朵图像，其次利用形状工具调整图像，将绘制好的花藤装饰在鞋子上，在画面中突出产品，吸引顾客，从而起到宣传的作用。

01 将素材文件"鞋 .tif"拖至当前正在编辑的文档中，并调整图像的大小及位置，并单击"图层"面板下方的"创建新的填充或调整图层" 按钮，在弹出菜单中选择"可选颜色"选项，创建"选取颜色"图层，在"属性"面板中设置参数，调整画面的色调，如图 9-35、图 9-36 所示。

图9-35

图9-36

02 单击"图层"面板下方的"创建新的填充或调整图层" ●.按钮,在弹出菜单中选择"亮度/对比度"选项,创建"亮度/对比度"图层,在"属性"面板中设置参数,调整画面亮度,如图 9-37、图 9-38 所示。

图9-37

图9-38

03 启动 CorelDRAW X8 软件,选择"文件"|"新建"命令,在弹出"创建新文档"对话框中设置参数,然后单击"确定"按钮,新建文档,如图 9-39 所示。

图9-39

04 使用"椭圆形工具" ○,按 Ctrl 键绘制两个正圆,来制作花瓣,效果如图 9-40 所示。

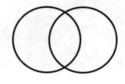

图9-40

05 按 Ctrl+Q 组合键将绘制的正圆转换为曲线,在属性中单击"合并" ⬚ 按钮,合并对象,效果如图 9-41 所示。

06 使用"形状工具" 调整图像，绘制出花瓣，效果如图 9-42 所示。

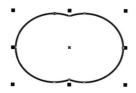

图9-41

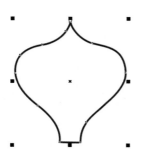

图9-42

07 使用"椭圆形工具" ，按 Ctrl 键绘制两个正圆，调整位置与花瓣水平居中对齐，如图 9-43 所示。

图9-43

08 选中正圆与花瓣，将旋转的中心点放置在圆的中心点上，效果如图 9-44 所示。

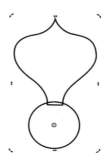

图9-44

09 用鼠标按住图像上方的图标，效果如图 9-45 所示。往左旋转图像，效果如图 9-46 所示。

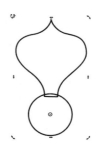

图9-45

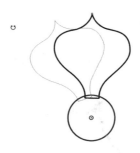

图9-46

10 旋转图像至合适的位置时，右击鼠标复制图像，完成旋转复制，效果如图 9-47 所示。

11 按 Ctrl+D 组合键，再制图像，制作出全部的花瓣，并调整花瓣，效果如图 9-48 所示。

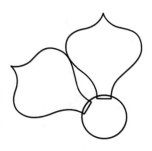

图9-47

图9-50

13 重复上述步骤旋转复制花蕊图像，并调整花蕊，效果如图9-51、图9-52所示。

图9-48

12 全选花朵，在属性栏中单击"合并" ⬛ 按钮，使花朵成为一个整体，如图9-49所示。使用"钢笔工具" ✎绘制花朵的花蕊，如图9-50所示。

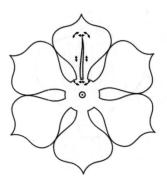

图9-51

图9-52

14 全选花朵，按Ctrl+L组合键合并对象，使图像成为一个整体，效果如图9-53所示。

15 选择"窗口"|"泊坞窗"|"对象属性"

图9-49

命令，打开"对象属性"窗口，全选花朵，在"对象属性"窗口中设置填充及轮廓为无，效果如图 9-54 所示。

图 9-53

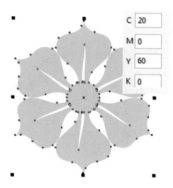

图 9-54

16　全选花朵，按＋键复制图像，并修改填充色，如图 9-55 所示。

图 9-55

17　使用"钢笔工具" ⬛ 绘制图像，利用"形状工具" ⬛ 调整图像，制作出花藤，效果如图 9-56 所示。

图 9-56

18　继续使用"钢笔工具" ⬛ 绘制图像，利用"形状工具" ⬛ 调整图像，效果如图 9-57 所示。

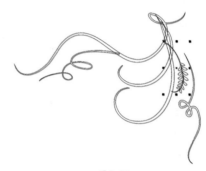

图 9-57

19　按＋键复制上一步骤绘制的图像，调整图像大小、位置及角度，效果如图 9-58 所示。

图 9-58

20　全选花藤，在"对象属性"窗口中设置填充及轮廓为无，效果如图 9-59 所示。

21　复制花朵图像，选择"效果"|"添加透视"命令，效果如图 9-60 所示。

图9-59

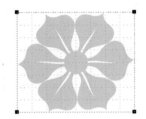

图9-60

22 移动边框四个角的点，调整透视，变形图像，效果如图9-61、图9-62所示。

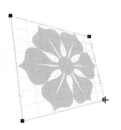

图9-61

图9-62

23 选中上一步骤操作的图像，调整其大

小、位置及角度，效果如图9-63所示。

图9-63

24 继续为花藤添加花朵，调整大小、位置及角度，并调整图层顺序，效果如图9-64所示。

图9-64

25 将CorelDRAW导出为PDF文档，用Photoshop CC软件打开PDF文档，效果如图9-65所示。使用"矩形选框工具"选取图像，效果如图9-66所示。

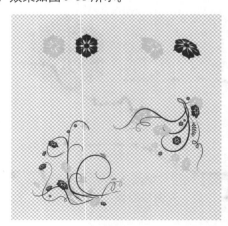

图9-65

图9-66

图9-68

26 将上一步骤选取的图像拖入至"创意海报"文档中并调整大小、位置，按 Ctrl+[组合键调整图层顺序，效果如图 9-67 所示。

图9-67

27 继续添加花朵和花藤，装饰鞋子，效果如图 9-68 所示。

28 使用"文字工具"T.添加文字，设置其字体、字号、颜色，并将素材文件 Logo 拖至当前正在编辑的文档中，并调整图像的大小及位置，效果如图 9-69、图 9-70 所示。

图9-69

图9-70

至此海报图案制作完成。

强化训练

项目名称

旅游海报的设计

项目需求

某旅游公司委托，在旅游淡季，为了增加业绩，为其设计旅游海报，海报的内容要简洁、排版清晰，独特有创意，能吸引消费者。

项目分析

海报的背景是蓝色的天空，给人清新自然的感觉，主要画面选取一个带有惊讶表情的人物，将人物的头部镂空，将世界各地的名胜古迹放入到头部镂空的部位，寓意来一场说走就走的旅行，游览世界，将会给你带来不一样的惊喜。

项目效果

项目效果如图 9-71 所示。

图9-71

操作提示

01 填充渐变色，添加云朵素材，制作背景。

02 利用填充渐变和添加蒙版制作镂空头部部分，并添加素材丰富画面。

03 使用"文字工具"输入文字信息，设置字体、字号。